Pierre
Teilhard de Chardin

Das Herz der Materie

Im Anhang:

Christus in der Materie
Die geistige Potenz der Materie
Die Messe über die Welt

Patmos

«Das Herz der Materie» ist entnommen dem Band 13 der französischen Werkausgabe «Le cœur de la matière», Éditions du Seuil, Paris 1976, ins Deutsche übertragen von Richard Brüchsel, Berta Augusta Güntensperger und Günther Schiwy. Der Anhang ist entnommen dem Band «Lobgesang des Alls», Walter-Verlag 1964, dessen Beiträge «Le Christ dans la matière», «La puissance spirituelle de la matière», «La messe sur le monde» ins Deutsche übertragen wurden von Karl Schmitz-Moormann aus dem Sonderband «Hymne de l'univers», Éditions du Seuil, Paris 1961

Die Deutsche Bibliothek – CIP-Einheitsaufnahme

Teilhard de Chardin, Pierre.
Das Herz der Materie : im Anhang: Christus in der Materie, die geistige Potenz der Materie, die Messe über die Welt / Pierre Teilhard de Chardin.
[Ins Dt. übertr. von Richard Brüchsel…]. –
Düsseldorf : Patmos-Verl., 2002
Einheitssacht.: Le ceur de la matière >dt.<
ISBN 3-491-69065-X

Umschlaggestaltung: H. Schelbert
Umschlagbild: Franz Marc «Kämpfende Formen»
Staatsgalerie Moderne Kunst, München
Satz: Jung SatzCentrum, Lahnau
Druck/Bindung: Lengericher Handelsdruckerei, Lengerich
ISBN 3-491-69065-X
www.patmos.de

Inhalt

Vorwort von Günther Schiwy 7

Das Herz der Materie

Einführung von Richard Brüchsel SJ 13
Einleitung: Der brennende Dornbusch 27

I. Das Kosmische oder das Evolutive 29
Vorbemerkung: Der Sinn für die Fülle 29
1. Der Ruf der Materie 31
2. Das Aufscheinen des Universalen 34
3. Die Entdeckung der Evolution 40

II. Das Menschliche oder das Konvergierende 47
1. Die Realität der Noosphäre 49
2. Der Stoff der Noosphäre 51
3. Die Evolution der Noosphäre 55

III. Das Christische oder das Zentrische 60
Vorbemerkung: Die Reflexion
oder Offenbarung des Punktes Omega 60
1. Das Herz Jesu 61
2. Der Universale Christus 67
a) Die Konflikte 67
b) Die Fortschritte 70

3. Das göttliche Milieu 72
4. Auf der Suche nach Gott oder:
Ein Appell an den, der kommt 76
Gebet zum immer größeren Christus 80
Schluß: Das Weibliche oder das Einigende 84

Anhang

I. Christus in der Materie 91
Drei Geschichten nach Benson 91
1. Das Bild 91
2. Die Monstranz 97
3. Die Pyxis 100

II. Die geistige Potenz der Materie 107
Hymne an die Materie 116

III. Die Messe über die Welt 120
Einführung von N. M. Wildiers 120
1. Die Opferung 122
2. Das Feuer über der Welt 125
3. Das Feuer in der Welt 127
4. Kommunion 132
5. Gebet 136

Anmerkungen 141

Vorwort

Günther Schiwy

Über zwanzig Jahre nach dem Tode Pierre Teilhard de Chardins (1881–1955) hat es gedauert, bis 1976 im dreizehnten und letzten Band der französischen Werkausgabe die autobiographische Skizze Teilhards von 1950 «Le Cœur de la Matière» endlich veröffentlicht wurde. Weitere fünfzehn Jahre sind vergangen, bis die deutsche Übersetzung «Das Herz der Materie» mit dieser Ausgabe endlich vorliegt.

Vom Hörensagen und durch vorausgegangene Zitate aus dem Manuskript bestand seit langem kein Zweifel an der überragenden Bedeutung dieses kurzen, aber zentralen Bekenntnisses Teilhards. Er selbst hat es in der Einleitung «ein gelebtes Dokument» genannt, in dem er zeigen möchte, wie sich durch sein ganzes Leben hindurch «die Welt allmählich entzündete, entflammte, bis sie schließlich um mich herum gänzlich von innen her leuchtend wurde... Das habe ich im Kontakt mit der Erde erfahren: das Durchscheinen des Göttlichen im Herzen eines brennenden Universums» (S. 27f.).

Wenn dieser Text aus dem Jahre 1950 hier zusammen mit drei anderen, bereits bekannten Schriften Teilhards aus den Jahren 1916, 1919 und 1923 abgedruckt wird, dann aus gutem Grund: Die beiden ersten sind von Teilhard selbst (der erste in Auswahl) als Anhang zu «Das Herz der Materie» vorgesehen worden. Geben sie doch

nach seinen Worten «den berauschenden Eindruck, den ich in jener Zeit im Kontakt mit der Materie empfand, besser wieder, als ich es heute tun könnte» (S. 89).
Es handelt sich zunächst um das Kapitel «Das Bild» aus der Schrift «Christus in der Materie»: ein Text, den Teilhard als Sanitäter am 14. Oktober 1916 an der französischen Ostfront vor dem Gefecht von Douaumont im Angesicht des drohenden Todes geschrieben hat, in dem es heißt:
«Sie wollen wissen, wie das machtvolle und vielfältige Universum für mich die Gestalt Christi angenommen hat? Das ist nach und nach geschehen; und derart erneuernde Intuitionen wie diese lassen sich nur schwer durch die Sprache analysieren. Ich kann Ihnen jedoch einige der Erfahrungen erzählen, durch die es in meiner Seele licht geworden ist, als ob sich ruckweise ein Vorhang gehoben hätte...» (S. 91)
Den Text der zweiten Schrift «Die geistige Potenz der Materie» stellt Teilhard ungekürzt in den Anhang. Er hatte das Manuskript dieser visionären Schilderungen am 8. August 1919 nach bestandenem Geologie-Examen in Paris auf der Kanalinsel Jersey abgeschlossen, wo er mit theologischen Freunden Ferien machte. In dieser Schrift voll prophetischer und dichterischer Kraft berichtet er von einem mystischen Erlebnis, das die bisherigen ähnlichen Erfahrungen seines Lebens besiegelt und ihn endgültig zu einem einsamen Seher gemacht hat.
«Eine tiefe Erneuerung hatte sich in ihm vollzogen, so daß es ihm nicht mehr möglich war, Mensch zu sein, *es sei denn auf einer anderen Ebene.* Selbst wenn er jetzt auf die gemeine Erde wieder hinabstiege – und wäre es zu dem getreuen Begleiter, der dort unten auf den Wüsten-

sand hingestreckt war: er würde von nun an *ein Fremdling* sein. Ja, er war sich dessen bewußt: selbst für seine Brüder in Gott, die besser als er, würde er unbezwinglich von nun an eine unbegreifliche Sprache sprechen, er, dem der Herr bestimmt hatte, die Straße des Feuers zu nehmen – selbst für jene, die er am meisten liebte, würde seine Zuneigung eine Last sein, denn sie würden spüren, wie er unbezwinglich *etwas hinter ihnen* sucht.» (S. 115)
Läßt uns Teilhard in diesen zwei mehr biographischen Schriften an der *Entwicklung* der mystischen Erfahrung teilnehmen, die er mit der Materie gemacht hat, dann schildert «Die Messe über die Welt», die er während seines ersten China-Aufenthalts 1923 entwirft, die *Konsequenzen,* die sich für Teilhard und für uns alle, soweit wir seine Erfahrungen wenigstens ahnungsweise nachvollziehen können, aus alldem ergeben:
«Alle Materie ist von nun an inkarniert, mein Gott, durch Deine Inkarnation... Ich berühre Ihn sogar, diesen Gott, durch die ganze Oberfläche und die ganze Tiefe der Welt, der Materie, in die ich hineingenommen bin... Ich werde, wie Jakob, Gott in der Materie nur berühren, wenn ich von Ihm besiegt worden bin... Glorreicher Christus, verborgen im Schoß der Materie...» (S. 127, 130, 138)
«Materie», so Teilhards Erfahrung und Bekenntnis in diesen insgesamt vier Schriften, ist der «Leib» des ganzen Kosmos, dessen Bestimmung es ist, im Laufe der Evolution immer mehr von Gott «beseelt» zu werden, bis der «kosmische Christus» seine volle Gestalt erreicht hat und Gott und Schöpfung eins geworden sind.
Diese Vision scheint heute und in nächster Zukunft mehr denn je geeignet, die Ahnungen und Erfahrung vieler

Menschen zu (er)läutern und zu bestätigen: Die Welt ist nicht des Teufels, sondern Gottes. In ihr und in uns existiert eine Kraft, die alles «erfüllen» wird, wenn wir sie aufspüren und in uns und durch uns wirken lassen als das liebende «Herz der Materie».

Steinebach am Wörthsee, im Mai 1990 Günther Schiwy

Das Herz der Materie

«Im Herzen der Materie [1]
Ein Herz der Welt
Das Herz eines Gottes»

Einführung

Richard Brüchsel SJ

1. Der Autor

Pierre Teilhard de Chardin (1881–1955) war als Jesuit Priester, Geologe und Paläontologe. Als Geologe galt sein Interesse dem Werden der Kontinente. Sein wichtigstes Forschungsgebiet war China. Dort fand er zwischen den Pontischen Schichten und Löß Werkzeuge des Altsteinzeitmenschen. Zusammen mit seinen Kollegen vom geologischen Landesamt in Peking grub er den Sinanthropus aus, einen Typ des Homo erectus, der Steinwerkzeuge und Feuer machte und vor ungefähr einer Million Jahren lebte. Auf seinen späteren Reisen nach Südafrika wurde Teilhard Zeuge der Ausgrabungen des Australopithecus, einer Vorstufe des Menschen, der schon vor etwa drei Millionen Jahren aufrecht ging. Teilhard hat sozusagen die Erde sich bilden und das Leben, insbesondere den Menschen, wachsen sehen. Er hat dieses Wachstum bis in die Neuzeit verfolgt und erlebt, wie die Menschen zu einer Menschheit zusammenzuwachsen, zu konvergieren beginnen. Diese Konvergenzbewegung, so hat Teilhard gezeigt, muß ein Zentrum haben. Er hat dieses Zentrum mit Christus identifiziert, denn er glaubte, so unserer Zeit ein Sinnziel aufzuzeigen, das dem Menschen im Herzen der Materie entgegenleuchtet.

2. Der Anlaß der Schrift

Diese religiöse Sinndeutung der Welt hat Teilhard im Laufe seines Lebens in ungefähr 200 Aufsätzen dargestellt. Drunter befinden sich vier, die als autobiographische Schriften bezeichnet werden können: Mein Universum (1918), Mein Glaube (1924), Der Stoff des Universums (1953) und die hier erstmals auf Deutsch vorliegende Schrift Das Herz der Materie (1950). Teilhard hat all diese Schriften zu besonderen Anlässen verfaßt.

«Mein Universum» schrieb er, als er im April 1918 als junger Jesuit vor seinen feierlichen Ordensgelübden stand. Er wollte Rückschau auf seinen bisherigen Lebensweg halten, von dem er wußte, daß er unter den Jesuiten eine Neuheit darstellte. Teilhard versuchte in seinem Leben die übliche Opposition zwischen Welt und Christus, wie er sagt, in eine Konjunktion zu verwandeln, so daß Christus nicht im Bruch mit der Welt, sondern durch die Welt als deren innerstes Prinzip und Ziel erreicht werden konnte. In diese Weltfrömmigkeit, deren Begründung er bei Paulus, Johannes und den Kirchenvätern fand, wollte er in einem schriftlichen Dokument sich und seinen Mitbrüdern Einsicht geben.

«Mein Glaube» verfaßte Teilhard in Peking im Jahre 1934. Mgr. Bruno de Solages, damals Rektor der katholischen Universität von Toulouse, hatte seinen Freund Teilhard de Chardin um Auskunft über die Eigenart seines Glaubens gebeten. Teilhard erklärt, wie er seine angeborene Liebe zur Erde immer verstanden habe als eine Liebe zur Erde als eines Ganzen. Dieses Ganze erfahre er als evolutive Entfaltung über verschiedene Stufen bis hin zum Geist. Eine solche letztlich geistige Dynamik sei aber nicht verstehbar, wenn sie nicht auf Unsterblichkeit und Personalität ausgerichtet sei. Dieser ganze Prozeß setze eine mit Unsterblichkeit begabte Über-Person voraus, die das Leben personalisiere. Unter allen bekannten Religionen der Erde sei das Christentum die einzige, die einer solchen Forderung entspreche. Das sei sein Glaube: die grundlegende Liebe zur Erde sei Liebe zu Christus.

Den Aufsatz «Der Stoff des Universums» schrieb Teilhard auf dem Atlantik. 1953 fuhr er, ein Geologe und Paläontologe von Weltruf, als «field adviser» der Wenner-Gren-Stiftung zur Finanzierung paläontologischer Forschungen von New York nach Südafrika, um dort entsprechende Ausgrabungsstellen in Augenschein zu nehmen. Vielleicht ahnte er, daß es seine letzte große Forschungsreise war. So benützte er die Zeit der Überfahrt auf dem Schiff, um Rückschau auf sein Leben zu halten. Teilhard sagt in dieser Schrift, der Stoff des Universums werde von Christus innerlich angezogen und bewegt. So könne er, Teilhard, sich diesem Stoff dort, wo er sich wirklich bewege, anvertrauen wie den Händen Christi, um an dieser Bewegung teilzuhaben und mit seinem Leben auf die Vollendung dieser Bewegung mit hinzuwirken.

«Das Herz der Materie» steht in innerem Zusammenhang mit den drei erwähnten autobiographischen Schriften. Am 12. August 1950 veröffentlichte Papst Pius XII. eine Enzyklika: «Über einige falsche Ansichten, die die Grundlagen der katholischen Lehre zu untergraben drohen.» Das Schreiben richtete sich gegen Tendenzen in Theologie und Philosophie, wie sie damals besonders in Frankreich aufgetreten waren. Wenn das Rundschreiben auch vor allem die «Nouvelle théologie» anzielte und die

Absetzung ihrer bekanntesten Professoren wie des Jesuiten und Freundes Teilhards, Henri de Lubac, sowie der Dominikaner Jves Congar und M.-D. Chenu zur Folge hatte, so ist doch unverkennbar, daß auch Teilhard Adressat dieses Schreibens war. Denn es richtet sich auch gegen jene, die die Evolution auf alles anwenden und behaupten, der Kosmos sei in Evolution begriffen. Teilhard wußte schon seit seinem Rom-Besuch im Jahre 1948, daß ein solches Schreiben in Vorbereitung war. Das Klima im Vatikan gestattete damals seinem Generalobern nicht, Teilhard die Annahme der Kandidatur für das berühmte Collège de France in Paris zu erlauben, und auch nicht, sein Buch «Der Mensch im Kosmos» zu veröffentlichen. Teilhard ließ sich durch die Ablehnung seiner Ansichten von seiten der kirchlichen Autorität nicht aus der Fassung bringen. Er war davon überzeugt, daß die Wahrheit auf seiner Seite stehe und früher oder später zum Durchbruch kommen werde. Als das päpstliche Rundschreiben erschien, befand er sich gerade in den Ferien in Les Moulins, auf dem Landsitz seines Bruders in der Auvergne. Er faßte Mut, hielt Rückblick auf sein Leben und schrieb diesen ausführlichen Versuch über das Werden seiner Überzeugungen unter dem Titel: «Das Herz der Materie.» Dieses Schreiben erinnert in seiner Art an «Die Geschichte meiner religiösen Überzeugungen» (Apologia pro vita sua) von Kardinal Henry Newman aus dem Jahre 1864, dem sich Teilhard verwandt fühlte.

3. Der Inhalt der Schrift

Teilhard sagt von sich, er sei von Geburt ein Sohn der Erde. Er habe von seinem Vater, der Großgrundbesitzer in der Nähe von Clermont-Ferrand im französischen Zentralmassiv war, die Liebe zur Erde geerbt. Teilhards Welt war in der Tat die Landschaft der Auvergne mit ihren Vulkanen, Steinen, Pflanzen und Tieren. Andererseits nennt sich Teilhard aber auch einen Sohn des Himmels durch Erziehung. Die Liebe zu seiner Mutter erschloß ihm die Liebe zum Mensch gewordenen Sohn Gottes, welche ihr Lebensinhalt war.

Das Problem und die Aufgabe Teilhards haben sein Leben lang darin bestanden, die Liebe zur Erde und die Liebe zu Christus so miteinander zu verbinden, daß die Erde nicht Christus, noch Christus der Erde geopfert werden muß, sondern daß in ein und demselben Lebensvollzug die Erde und Christus erreicht und geliebt werden können. Das ist das Problem der Mehrzahl der religiösen Menschen unserer Zeit, und Teilhard war sich dessen bewußt.

«Das Herz der Materie» beschreibt den Weg, den Teilhard gegangen ist, um dieses Problem zu lösen. Wer diesen Weg vom Ergebnis her betrachtet, kommt zur Einsicht, daß Teilhard jeweils in dem, was er in der Erde liebte, schon immer Christus meinte, ohne es zu wissen. Genau das mußte er im Laufe der Zeit entdecken. Weil Christus als Schöpfer der Welt eine Beziehung zum Innersten eines jeden Elementes der Schöpfung hat und so in der Schöpfung allgegenwärtig ist, kann er sich dem Betrachter dieser Schöpfung durch eine Art «christischer», so ein späterer Ausdruck Teilhards, Sympathie zwischen dem Innen des Betrachters und dem Innen des Betrachteten kundtun. Teilhard schreibt: «Ich war sicherlich nicht mehr als sechs oder sieben Jahre alt, als ich anfing, mich von der Materie angezogen zu fühlen – oder genauer durch etwas, das im Herzen der Materie ‹aufleuchtete›.»

Teilhard weist auf eine Abfolge jener christischen Qualitäten hin, die ihn im Laufe seines Lebens besonders beeindruckten: die (scheinbare) Beständigkeit des Eisens, die Allgegenwart (Universalität) der Steine, das Seltene und Zarte in Pflanzen und Insekten, die Fülle in der Welt der Atome und Elektronen, die evolutive Drift des Universums, die Konvergenz (Zueinanderstreben) der Menschheit und die zentrierende Kraft des Poles dieser Konvergenz, der für Teilhard Christus darstellt. Von dieser zentrierenden Kraft Christi, die in allen Elementen der Schöpfung wirkt, beziehen diese ihre spezifischen christischen Qualitäten.

Der vormenschliche Bereich, das Kosmische, hat als ausdrücklichste Qualität die evolutive Drift. Der *kosmische* Sinn entdeckt diese Qualität. Der menschliche Bereich, das Humanum, zeichnet sich besonders durch die Qualität der Konvergenz aus. Der *humane* Sinn entdeckt diese christische Qualität. Christus selbst, weil er die absolute Fülle des Lebens ist und das Zentrum von allem, ist erfüllt von der zentrierenden Qualität. Der *christische* Sinn entdeckt diese Fülle. Dabei ist zu beachten, daß auch das Evolutive und das Konvergente christische Qualitäten sind, Variationen des zentrischen Einflusses Christi. Der kosmische und der humane Sinn entdecken auch Christisches, aber nicht in der Ausdrücklichkeit wie bei der Betrachtung Christi.

Das gleiche gilt auch für das, was Teilhard das Weibliche nennt. Es ist eine christische Qualität in allem, doch in bestimmten Frauen, wie zum Beispiel in seiner Cousine Marguerite, strahlte ihm diese christische Qualität in besonderer Weise entgegen, so daß sich aufgrund dieser christischen Sympathie eine überaus hilfreiche Freundschaft bildete.

Teilhard beschreibt seine Neuentdeckung des Christischen von der Welt des Eisens über die der Steine, Pflanzen und Tiere zu den Menschen und von der Menschheit zu Christus als dem Inhalt und Gipfel des Ganzen. Diese Entdeckungen erfolgten nicht ohne schmerzliche Übergänge und Krisen. Er erwähnt besonders die Krise auf der Kanalinsel Jersey, wo Teilhard von 1901–1905 seine humanistischen und philosophischen Studien absolvierte. Die Großartigkeit dieser Insel eröffnete ihm den Zugang zu etwas Absolutem in der Natur. Dieses kontrastierte jedoch in für ihn unerträglicher Weise mit der Begrenztheit und Unscheinbarkeit des Absoluten in Jesus von Nazareth, dem er durch sein Gelübde verpflichtet war.

Der Versuchung durch die Natur wollte Teilhard durch Verzicht auf seine geologischen und paläontologischen Forschungen entgehen. Doch sein geistlicher Führer ließ ihn die Natur und Jesus zusammen sehen. So wurde Teilhard dazu geführt, im Absoluten der Natur die universale und kosmische Dimension des Absoluten in Christus zu entdecken, eben das Christische im Kosmischen.

Teilhard verrät uns im Text fast nichts über den Übergang vom kosmischen zum menschlichen Bereich. Es sind seine Briefe, die darüber Aufschluß geben. Besonderen Stellenwert in dieser Entwicklung scheint dem Besuch seiner Familie in Sarcenat zuzukommen, als Teilhard von Kairo, wo er 1905–1908 als Physik- und Chemielehrer tätig war, zum Theologiestudium nach Hastings (Südengland) fuhr. Das Wiedersehen nach lan-

gen Jahren der Trennung mußte für ihn eine schmerzliche Enttäuschung gewesen sein. Todesfälle, Krankheit und Sorgen hatten die Familie heimgesucht und verändert. Im ersten Brief aus Hastings an seine Eltern ist ein Echo davon zu spüren, wenn er schreibt, es wäre besser gewesen, sich nicht zu sehen, aber jetzt liebe man sich mehr als zuvor: eine Neuentdeckung der christischen Dimension der Liebe.
Auch halfen ihm intelligente und wie Teilhard nach einem neuen Christusverständnis suchende Mitstudenten und Professoren mit ihrem Wissen und ihrer Sympathie, die Entdeckung der Evolution mit Christus in Zusammenhang zu bringen. Es waren dies besonders Pierre Rousselot, Josef Maréchal, Léonce de Grandmaison und Auguste Valensin, ein Schüler des Philosophen Maurice Blondel. Teilhard erwähnt immer wieder die christische Qualität der Freundschaft, die ihn mit diesen Philosophen und Theologen verbinden. Außer in seiner schon erwähnten Cousine Marguerite Teillard-Chambon entdeckte Teilhard auch in anderen Frauen diese christische Sympathie der Freundschaft. So in Sr. Agnes, der Oberin des Konventes von Bramber (Sussex), die den 1911 geweihten Neupriester Teilhard, als er dort predigte, auf die Christusmystik des englischen Theologen Hugh Benson aufmerksam machte. Teilhard schrieb daraufhin 1916 die «Drei Geschichten nach Benson», aus denen er 1950 dem «Herz der Materie» einen Textauszug beifügte – so wichtig erschienen sie ihm als gültiges Zeugnis seiner mystischen Christuserfahrung während des Ersten Weltkrieges. Die Entdeckung des Christischen im Menschlich-Personalen eröffnete Teilhard die Möglichkeit eines geistigen Austausches, durch den sich sein Denken voll

entfalten konnte und den er sein Leben lang suchte, fand und pflegte, wovon seine umfangreiche Korrespondenz ein Niederschlag ist.

Für viele Leser Teilhards ist es schwer verständlich, daß er die christische Qualität des Humanen, die Konvergenz, gerade im Krieg entdeckte. Als Priester-Kamerad im Sanitätsdienst an vorderster Front war es Teilhard möglich zu beobachten, wie die zum Angriff organisierten Menschenmassen hüben und drüben und die grausige Destruktion des Menschlichen im Kriegsgeschehen nicht verhindern konnten, daß sich, entgegengesetzt zu diesem zersetzenden Geschehen, Menschen über ihre verschiedenen Ansichten hinweg zu verstehen begannen und zueinander fanden, ja daß es Momente gab, da ein Gefühl der Einheit die Menschen in der Not zu Höchstleistungen befähigte. Für den gläubigen Blick Teilhards war dies ein christisches Geschehen, das nur zu destruktiven Zwecken fehlgeleitet war, und, wie es auf den heilenden Einfluß des Zentrums aller Dinge zurückging, so auch eigentlich zur Ausbreitung des Christischen, des Friedens, dienen sollte.

Diese Schau – das «Herz der Materie» als das Christische – steht und fällt mit einer Fähigkeit, die wohl in jedem Menschen angelegt ist, aber bei Teilhard besonders ausgeprägt war. Er nennt sie den «Sinn für die Fülle». Als Sinneswesen ist der Mensch zunächst von der sinnenhaften Außenwelt angezogen. Die Welt der Erscheinungen weckt unser Erkennen und Lieben. Das ist die erste Stufe der Wahrnehmung. Als geistbegabte Wesen drängt es uns aber weiter zum Erfassen der Innenwelt eines Gegenstandes. Damit ist die zweite Stufe der Erkenntnis und des Liebens erreicht. Von hier eröffnet sich eine weitere

Stufe und Dimension des Seins. Es ist dies die Wahrnehmung der Qualität der Fülle oder des Christischen. Sie ist Ausdruck der Beziehung Christi des Schöpfers zu allen kosmischen und humanen Dingen, sie ist Christus, der im «Herzen der Materie» aufstrahlt. Der Sinn für die Fülle läßt das Erkennen und Lieben bestimmt sein von den christischen Qualitäten im kosmischen, humanen und christischen Bereich. Man kann den Sinn für die Fülle auch den Glaubenssinn nennen.

4. Die Bedeutung der Schrift

Die Theologie: Der theologische Zentralbegriff Teilhards ist der kosmische Christus als Inbegriff der wachsenden Durchdringung der Schöpfung vom Göttlichen. Die kosmische Größe Christi in einem evolutiven Universum begründet seine Schöpfungschristologie. Abgesehen von der evolutiven Interpretation des Schöpfungsgeschehens ist eine solche Christologie nicht neu. Sie ist begründet im Johannesevangelium 1,3 und im Brief des Apostels Paulus an die Kolosser 1,16–17: alles stammt vom WORT, und alles ist in Christus begründet. Origenes (ca. 185–254) hat diese Sicht der Dinge aufgenommen und an die Kappadozier weitergegeben. Duns Scotus (1265/1266–1308) hat sie im Mittelalter wieder zur Geltung gebracht. Matthias Scheeben kam im letzten Jahrhundert darauf zu sprechen. Karl Rahner legte sie dar in seiner «Christologie innerhalb einer evolutiven Weltanschauung» (im «Grundkurs des Glaubens»). Schließlich nahm auch das 2. Vatikanische Konzil im Dekret «Gaudium et Spes» über die Kirche in der Welt von heute unter Berufung auf Teilhard diese Schöpfungsperspektive auf.

Die Philosophie: Der Einfluß der traditionellen Philosophie auf das Denken Teilhards wird vor allem deutlich, wenn man an die Lehre der Scholastik über den «appetitus naturalis» (das Streben in der ganzen Natur) denkt und einen wichtigen Satz des Thomas von Aquin mit einem zentralen Satz Teilhards vergleicht. In der Summe des Aquinaten heißt es: «Alles erstrebt Gott, indem es seine eigene Vollkommenheit erstrebt» (S.Th. I a.q.6,1 ad 2). Dieser Satz steht evolutivem Denken offen. Denn was über seine begrenzte Vollkommenheit hinaus im gleichen Vollzug stets auch die unendliche Vollkommenheit Gottes erstrebt, öffnet dadurch seine endliche Form auf die unendliche Form Gottes hin, überschreitet sich selbst und ist auf dem Wege der Vergöttlichung. Genau das aber versteht Teilhard unter der Evolution: «Es gibt eine absolute Richtung des Wachstums (im Leben)..., und das Leben wandert in dieser Richtung auf dem geradesten Wege... Es gibt ein absolutes Mehr-Sein, Besser-Sein, beides nennt sich Fortschritt an Bewußtheit, Freiheit, Sittlichkeit» (das Kosmische Leben, S. 32–33). Man hat den Eindruck, das Echo des Satzes des Aquinaten in einem evolutiven Zeitalter zu hören. Hier wird Scholastik zur Prozeßphilosophie und durch zahlreiche begriffliche Sprachschöpfungen Teilhards auf moderne Einsichten hin erweitert.

Die Mystik: Das zentrale Anliegen, das Teilhard in «Das Herz der Materie» beschreibt, ist seine Gott und die Welt verbindende Mystik. Teilhard erweist sich darin als Schüler des Ignatius von Loyola, Gründer des Jesuitenordens. Ignatius will in den Geistlichen Übungen den Exerzitanten zum «Gott finden in allen Dingen» führen.

Er soll sehen, wie Gott der Herr (d.i. Christus) in allen Dingen auf dem Angesicht der Erde wohnt und in allen Dingen arbeitet und sich müht. Aus dieser Sicht soll der Mensch zur Mitarbeit an der Schöpfung animiert werden. Nach Teilhard wirkt Christus in der Schöpfung wie eine Form, die sich den Dingen innerlichst einprägt. Daraus wird die christische Durchformung aller kosmischen und humanen Dinge verständlich: Im Herzen aller Dinge ist Christus antreffbar, weil er ihre innerste Prägung ist aufgrund seiner kreativen Beziehung zu den Geschöpfen. Diese Teilhard schon während des Ersten Weltkrieges begleitende Sicht (vgl. z.B. den Aufsatz «Forma Christi») erfährt in «Das Herz der Materie» eine für Teilhard letzte Verdeutlichung. Das Innerste der Dinge ist christisch, nicht nur weil Gott den Weltstoff evolutiv auf sich hin umwandelt (metamorphosiert), sondern weil Gott sich dem Weltstoff einformt (endomorphosiert). Man könnte sagen, daß Gott den Weltstoff aufnehmend sich ihm einformt, und dabei sich wiederum vom Weltstoff einformen läßt. Die Vertiefung gegenüber Ignatius liegt in der evolutiv-prozeßhaften Dramatik dieser Schau. Die Mitarbeit des Menschen an diesem Prozeß erscheint radikaler und riskanter als bei Ignatius, weil der Mensch selbst in der Evolution eingebunden erscheint.

Sünde und Schuld: Das Wort «Sünde und Schuld» kommt in dieser Schrift Teilhards nur am Rande vor, wo Teilhard die Schrecken des Krieges erwähnt oder die «Versuchung» durch die Natur andeutet. So stellt sich dem Leser einmal mehr die Frage, ob denn Teilhard das objektive Elend in der Welt und die subjektive Verstrikkung in Sünde und Schuld im menschlichen Bereich nicht sehe. Es ist jedoch zu beachten, daß Teilhard in «Das Herz der Materie» die Geschichte seiner religiösen Weltentdeckung beschreibt. Es ist *seine* Geschichte und seine *geglückte* Geschichte. Mühsal, Klippen und Ängste sind diskret angedeutet und erahnbar. Wer den Gang dieser Geschichte auf seine Weise mit- und nachvollzieht, wird ein Gespür für die Risiken bekommen, die man eingeht, und wo der Wille zögern, abbrechen oder sich verweigern kann. Nicht zuletzt wird er sich fragen, warum der Sinn für die Fülle, diese Fähigkeit zur Gotteserfahrung, so unterentwickelt sei. Solche und ähnliche Fragen werden ihn zur Einsicht bringen, daß das, was Teilhard beschreibt, die Evolution der Schöpfung, die den Menschen und die Menschheit hervorgebracht hat, nicht sein könnte, wenn sie nicht gleichzeitig von dem erlösenden Einfluß Christi, von der Liebe Gottes bis in den Kreuzestod getragen wäre.

5. Zur Übersetzung

Die vorliegende Übersetzung ist ein Gemeinschaftswerk. Am Anfang stand eine Übersetzung des Textes, die die Menzingerschwester Bertha Augusta Güntensperger auf Bitte von Richard Brüchsel für seine Teilhard-Tagungen in Bad Schönbrunn um das Jahr 1976 angefertigt hatte. Als Günther Schiwy gegenüber Richard Brüchsel auf einer Teilhardtagung in Köln 1988 bemerkte, er möchte «Das Herz der Materie» übersetzen, aber es sollte in einer Gruppe geschehen, wurde ihm der vorhandene Text unterbreitet. Nach eingehender Prüfung entschlossen sich Schiwy und Brüchsel, den Entwurf zu übernehmen und zu überarbeiten. Der Text machte noch zweimal die Runde, wobei auch Schwester Güntensperger einbezogen

wurde. Wir haben bei diesem für das Selbstverständnis Teilhards entscheidenden Text mehr auf satz- und begriffsgetreue Wiedergabe geachtet als auf leichte Lesbarkeit. Das Original sollte durchscheinen. Auch der französische Text ist keine Lehnstuhllektüre. Selbst die eigenwillige Interpunktion Teilhards wurde beibehalten. Eckige Klammern bezeichnen Erläuterungen der Übersetzer.
Dank gilt der Association Teilhard de Chardin in Paris, die die Veröffentlichung dieser Übersetzung erlaubte.

Einleitung

Der brennende Dornbusch

Trotz eines gewissen Anscheins dialektischer Strenge beabsichtigen die folgenden Erwägungen nicht, ein zusammenhängendes Denkgebäude zu entwickeln, – eine Philosophie der Dinge. Sie erheben vielmehr den Anspruch, eine direkte psychologische Erfahrung zu vermitteln, – die gerade genügend überdacht ist, um verstehbar und mitteilbar zu sein, ohne dabei ihren objektiven und unbestreitbaren Wert als gelebtes Dokument zu verlieren.
Was ich mir für die folgenden Seiten vornehme (in der Hoffnung, daß mein «Fall» viele andere ähnliche Fälle erkennen oder sogar entstehen läßt), ist einfachhin, zu zeigen, wie sich vor meinen Augen, ausgehend von einem anfänglichen Brennpunkt – einem angeborenen –, *im Laufe* meines ganzen Lebens, *durch* mein ganzes Leben, die Welt allmählich entzündete, entflammte, bis sie schließlich um mich herum gänzlich von innen her leuchtend wurde.
Fortschreitendes Sichausbreiten einer geheimnisvollen inneren Klarheit im Schoß jedes Seienden und jedes Ereignisses, die sie verklärte. Doch mehr noch: stufenweise Veränderungen des Aufleuchtens und der Färbung, gebunden an das komplizierte Spiel dreier universeller Komponenten: des Kosmischen, des Menschlichen und des Christischen, – welche (mindestens die erste und die letzte) von den ersten Augenblicken meiner Existenz an

ausdrücklich in mir gegenwärtig waren; aber ich benötigte mehr als sechzig Jahre leidenschaftlichen Bemühens, um zu entdecken, daß sie nur die Annäherungen oder die aufeinanderfolgenden Verdeutlichungen ein und derselben Grundrealität waren...
Purpurnes Leuchten der Materie, unmerklich übergehend in das Gold des Geistes, um sich schließlich in die Glut eines Universal-Personalen zu verwandeln; – all dies durchwirkt, beseelt, erfüllt von einem Atem der Einigung, – und des Weiblichen.
Das habe ich im Kontakt mit der Erde erfahren: das Durchscheinen des Göttlichen im Herzen eines brennenden Universums. – Das Göttliche, strahlend aus den Tiefen einer feurigen Materie:
Das ist es, was ich versuchen möchte, hier erahnen und daran teilnehmen zu lassen.

Les Moulins, 15. August 1950

I. Das Kosmische oder das Evolutive

Vorbemerkung: Der Sinn für die Fülle

Zunächst sehe ich mich gezwungen, als Ausgangspunkt, als Leitfaden, als Achse der Kontinuität für alles Folgende eine besondere psychologische Disposition oder «Polarisation» vorzustellen und summarisch zu beschreiben, die sicherlich allen Menschen gemeinsam ist (obwohl sie von ihnen nicht immer der Form nach erkannt wird) und die ich in Ermangelung eines Besseren den *Sinn für die Fülle* nennen möchte. So weit ich in meine Kindheit zurückgehe, erscheint mir in meinem inneren Verhalten nichts charakteristischer, nichts vertrauter als der Geschmack an oder das unwiderstehliche Verlangen nach irgendeinem «einzig Genügenden und einzig Notwendigen». Um sich ganz und gar wohlzufühlen, um vollkommen glücklich zu sein, muß man wissen, daß «irgend etwas Wesentliches» existiert, von dem der ganze Rest nur Zubehör oder Schmuck ist. Es kennen und unaufhörlich das Bewußtsein dieser Existenz genießen: wahrlich, wenn ich mich im Vergangenen wiedererkennen und mir selber nachgehen kann, dann nur auf der Spur dieses Tones oder dieser Färbung oder dieses besonderen Geschmacks, den man (sofern man nur einmal irgend etwas davon erfahren hat) unmöglich mit einer andern Leidenschaft der Seele verwechseln kann – weder mit der Freude des Erkennens noch der Freude des Entdeckens noch der Freude des Schaffens noch mit der Freude zu lieben; – nicht so sehr, weil er sich davon unterscheidet, sondern weil er einer Ordnung angehört, die höher ist als all diese Emotionen, und weil er sie alle enthält. Der Sinn für die Fülle, der Sinn für die Vollendung und Ergänzung, der «Sinn für das Pleroma».

Was immer ich fortschreitend und nicht unterscheidend den «Sinn für die Konsistenz», den «kosmischen Sinn», den «Sinn für die Erde», den «Sinn für den Menschen», den «christischen Sinn» nennen werde, alles Folgende wird nichts anderes sein als der Bericht über eine allmähliche Entfaltung oder Evolution dieses fundamentalen oder «proteischen» Elementes in mir hin zu immer reicheren und reineren Formen.

Keine eingebildete oder erfundene Geschichte, sondern ein wahres Geschehen, das in meinen Augen biologisch gesteuert und garantiert ist durch die in allen Umgestaltungen und Zuwächsen für mein Bewußtsein klar wahrnehmbare Identität der im Spiel befindlichen psychologischen Grunderfahrung.

Hinzufügen möchte ich ein einmalig lehrreiches Geschehen, in dem Maße, als es, obgleich dazu bestimmt, sich in dem zu vollenden, was in Richtung des Geistes das Höchste ist, zunächst von dem Greifbarsten und Konkretesten im Stoff der Dinge (ich habe die Gewißheit und die direkten Beweise dafür) seinen Ausgang genommen hat, um alles zu erobern und alles zu gewinnen[2].

1. Der Ruf der Materie[3]

Ich war sicherlich nicht älter als sechs oder sieben Jahre, als ich anfing, mich von der Materie angezogen zu fühlen, – oder genauer durch etwas, das im Herzen der Materie «aufleuchtete». In diesem Alter, in dem, stelle ich mir vor, andere Kinder ihr erstes «Gefühl» für eine Person oder für die Kunst oder für die Religion empfinden, war ich zärtlich, brav und sogar fromm. Das heißt, durch den Einfluß meiner Mutter (ich werde später, im dritten Teil, auf die wichtige Rolle, die sie durch dieses Element in meinem früheren Leben gespielt hat, zurückkommen) liebte ich den «kleinen Jesus» sehr.

In Wirklichkeit aber war mein wahres «Ich» anderswo. – Doch um es offen wahrzunehmen, hätte man mich beobachten müssen, wenn ich mich, – immer heimlich und ohne ein Wort zu sagen, – selbst ohne daran zu denken, man könnte jemandem darüber etwas sagen – zurückzog in die Betrachtung, in den Besitz, in das Verkosten meines «Eisengottes». – *Eisen,* wohlverstanden. Ich sehe sogar noch mit einer einzigartigen Deutlichkeit die Reihe meiner «Idole». Auf dem Lande einen Pflugschlüssel, den ich sorgfältig in einer Ecke des Hofes versteckte. In der Stadt den sechseckigen Metallkopf einer Geländersäule, der über den Boden des Kinderzimmers hinausragte und den ich mir angeeignet hatte. Später waren es verschiedene Granatsplitter, die ich mit Liebe auf einem benachbarten Schießplatz gesammelt hatte. Ich kann mich eines Lächelns nicht erwehren, wenn ich heute an diese Kindereien zurückdenke. Gleichzeitig jedoch fühle ich mich wohl gezwungen anzuerkennen, daß sich in dieser instinktiven Geste, die mich ein Stück Eisen wirklich anbeten ließ, eine Intensität des Tones und eine Reihe von Erfordernissen enthalten und gesammelt fanden, deren Entwicklung mein ganzes spirituelles Leben ausmachte.

Warum eigentlich *Eisen?* Und warum genauer *dieses* Stück Eisen (es mußte möglichst dick und massiv sein)? Doch nur, weil es für meine kindliche Erfahrung nichts Härteres, nichts Schwereres, nichts Zäheres, nichts Dauerhafteres auf der Welt gab als diese wunderbare Substanz, erfaßt unter einer so vollen Gestalt wie möglich... *Die Konsistenz:* das ist für mich ohne Zweifel die grundlegende Eigenschaft des Seins gewesen.

Wenn diese beginnende Wahrnehmung des Absoluten unter der Gestalt des Greifbaren frühzeitig und fruchtlos in ihrem Wachstum gestoppt wird, erzeugt sie, meine ich, durch Verkümmerung den Geizhals, – oder den Sammler. In meinem Fall sollte der Keim dank der Vorsehung wachsen. Bis heute aber (und bis ans Ende, ich spüre es) hat dieser Vorrang des Unveränderlichen, das heißt des Irreversiblen, nicht aufgehört und wird auch nicht aufhören, meine Vorliebe für das Notwendige, für das Allgemeine, für das «Natürliche» – im Gegensatz zum Kontingenten, zum Partikulären und zum Künstlichen – unwiderruflich zu bestimmen; diese Veranlagung hat übrigens, wie man sehen wird, die höchsten Werte des Persönlichen und des Menschlichen vor meinen Augen lange Zeit verdunkelt.

Der Sinn für die Fülle war schon deutlich ausgeprägt und schon auf der Suche, sich im Ergreifen eines bestimmten Objekts zu befriedigen, in dem sich das Wesen der Dinge *konzentriert.*

Genau das, was ich nach vielen Jahren der Erfahrungen

und Reflexion in einem evolutiven Pol der Welt erahnen sollte!
Aber es ist weit vom «Punkt Omega» zu einem Stück Eisen... Und auf meine Kosten sollte ich nach und nach lernen, inwieweit die Konsistenz, von der ich träumte, eine Auswirkung nicht der «Substanz», sondern der «Konvergenz» ist. Rührende Verzweiflungen eines Kindes (ich habe sie nie vergessen), das eines Tages feststellte, daß Eisen sich zersetzt und – daß es rostet. *«Quo tinea non corrumpit»*...[4]
Damals suchte ich, um mich zu trösten, anderwärts Ersatz, manchmal in einer blau züngelnden Flamme (gleichzeitig so materiell, so ungreifbar und so rein) über den Scheiten des Herdfeuers. Öfter in irgendwelchen durchsichtigeren oder bunteren Steinen: Kristallen aus Quarz oder Amethyst und vor allem in leuchtenden Bruchstücken aus Chalzedon, so wie ich sie im Lande sammeln konnte. Im letzteren Fall mußte die geliebte Substanz natürlich widerstandsfähig sein, unangreifbar und *hart!*
Unmerkliches Gleiten – es sollte aber für die Fortsetzung meiner spirituellen Evolution eine immense Bedeutung haben: denn gerade dank des offenen Ausgangs meiner tastenden Versuche begann ich, ohne es zu ahnen, mittels des Ersatzes des Eisens durch Quarz, über die unermeßlichen Gebilde des Planeten und der Natur wahrhaft zur Welt vorzudringen, bis ich nichts mehr verkosten konnte außer in den Dimensionen des Universalen.
Und das kam so.

2. Das Aufscheinen des Universalen

Ganz am Anfang meines bewußten Lebens, ich wiederhole es, suchte ich, um die «Solidität» zu finden und zu umarmen, zu der mich mein angeborenes Bedürfnis nach Fülle drängte, und um das Wesen der Materie zu erfassen, dieser vor allem in den abgegrenztesten, den gerafftesten, den gewichtigsten Formen nachzugehen; selbstverständlich hielt ich mich im Laufe dieses Versuches an das, was mir als die Königin der Substanzen erschien (im vorliegenden Fall das Eisen), – aber mit dem ausgesprochenen Bemühen, dieses kostbare Sein in so bestimmten und so *kompakten* Konturen wie möglich zu erfassen.

Gerade hier nun begann sich unter der Einwirkung der neuen Anziehung, die in mir für die Welt der «Steine» geboren war, eine definitive Ausweitung auf dem tiefsten Grund meines inneren Lebens abzuzeichnen.

Das Metall (so wie ich es mit zehn Jahren kennen konnte) tendierte dahin, mich an handgefertigte und bruchstückhafte Objekte zu fesseln. Durch das Mineral hingegen fand ich mich in Richtung des «Planetaren» engagiert. Mir ging der Begriff «Stoff der Dinge» auf. Und allmählich begann diese berühmte Konsistenz, die ich bis dahin im Harten und Dichten verfolgt hatte, mir in Richtung eines überall ausgebreiteten Elementaren aufzuscheinen, – dessen Allgegenwart selbst Unzerstörbarkeit ausmachte.

Als ich dann später Geologie betrieb, hätte man glauben können, ich suchte einfach mit Überzeugung und Erfolg die Chancen einer wissenschaftlichen Karriere. Was mich jedoch in Wirklichkeit ein ganzes Leben lang unwiderstehlich (selbst auf Kosten der Paläontologie) zum

Studium der großen Eruptionsmassen und der Kontinentalsockel führen sollte, war nichts anderes als das unersättliche Bedürfnis, den Kontakt *(einen Kontakt der Kommunion)* mit einer Art universaler Wurzel oder Matrix des Seins aufrechtzuerhalten.
Tatsächlich, selbst auf dem Gipfel meiner spirituellen Bahn sollte ich mich nie wohl fühlen, es sei denn eingetaucht in einen Ozean von Materie...
Erwachen und Entfaltung eines beherrschenden und siegreichen Sinnes für das Ganze, ausgehend vom Sinn für die Konsistenz.
Für etwa zwanzig Jahre meines Lebens (von meiner Abreise ins Kolleg bis zu meinem Eintritt in das Theologat von Hastings, England) finde ich in meinen Erinnerungen deutlich die ununterbrochenen Spuren dieser tiefen Wandlung. Während dieser Periode konnte, wie ich noch zeigen werde, der materielle Gegenstand meiner geheimen Freude mit dem Alter wechseln. Zudem ereignete sich in meiner Existenz ein wichtiger Einschnitt (Eintritt ins Ordensleben). Aber diese verschiedenen Ereignisse waren, wie ich jetzt sehe, nur die begleitenden Wellen an der Oberfläche des Grundstromes, der in meinem Erwachen zum kosmischen Sinn und Leben bestand. Machtvolles inneres Geschehen, in dessen Verlauf ich mich nach und nach erfaßt, durchdrungen und ganz und gar durchwirkt fand von den Auswirkungen einer Art psychischer Umwandlung, in die offensichtlich die durch meinen Eintritt in die Pubertät entbundenen reinsten Energien mündeten.
Es wäre für mich schwierig, die komplizierte Geschichte im einzelnen wiederzufinden oder wenigstens verständlich zu machen, nach der sich in jener Epoche meines Le-

bens die verschiedenen Fäden bildeten und sich zu verflechten begannen, aus denen sich eines Tages für mich der universelle Stoff gewoben vorfand.
Dagegen muß ich an dieser Stelle meiner Analyse die wichtigsten Seiten aufzählen, deren Individualisierung oder allmähliches Wachstum in jener Zeit dazu beitrugen, meinen Sinn für das Ganze mit dessen wichtigsten Komponenten auszustatten.
Und an erster Stelle wohlgemerkt mein Geschmack am Geologischen, der den festen und dauernden Kern des Systems bildet: der Primat der Materie–Materie, die sich im Mineral und im Fels ausdrückt. Ich analysiere hier nicht noch einmal diese grundlegende, oben bereits erwähnte Eigenart meines Sinns für die Fülle. Aber ich könnte die Windungen meiner psychischen Entwicklung nicht verständlich noch nachvollziehbar machen, wenn ich nicht, einmal mehr, auf den achsialen, unabänderlich festgehaltenen Platz hinwiese, den die Leidenschaft und die Wissenschaft «der Steine» für die ganze Zeit meiner spirituellen Entfaltung eingenommen haben.
Im Zentrum meiner Beschäftigungen und meiner geheimen Freuden also, – zwischen zehn und dreißig Jahren –, der mit dem Kosmischen «im festen Zustand» aufrechterhaltene und entwickelte Kontakt. Aber ganz drum herum schon, halb nebenbei, die wachsende Anziehungskraft der pflanzlichen und tierischen Natur; und ganz auf dem Grund, eines schönen Tages (am Ende dieser Periode), die Einführung in die weniger greifbaren (aber wie herausfordernden!) Größen, entdeckt durch die Forschungen der Physik. Überall Materie, Leben und Energie, die drei Säulen meiner inneren Schau und Seligkeit.
Infolge ihrer offenkundigen Gebrechlichkeit (ich habe

darauf zurückzukommen, wenn ich vom Menschen spreche) hat die Welt des Lebendigen meine Kindheit sehr beunruhigt und außer Fassung gebracht. Einerseits fühlte ich mich unbestreitbar durch meinen ständigen Mahner, den «Sinn für die Fülle», zu den Pflanzen und Tieren hingezogen, die ich durch das Leben auf dem Lande und durch meines Vaters Vorliebe für die Natur kennengelernt hatte. Andererseits schuf ich mir (oder entdeckte ich in mir?), um in meinen Augen das Interesse zu rechtfertigen, das so skandalös unbeständige und zerstörbare Dinge wie eine Blume oder ein Insekt[5] in mir weckten, gewisse geheimnisvolle Gleichwertigkeiten, deren psychologische Verbindung vielleicht nicht unmittelbar einsichtig ist, die aber in mir einen gleichen Eindruck intensiver Befriedigung weckten: anstelle des Festen und des Unveränderlichen das Neue oder das Seltene. Und das so sehr, daß jahrelang die Suche (in der Zoologie oder der Paläontologie) nach «der neuen Art» (ich lächele heute darüber) einer der wichtigsten Pfeiler meines inneren Lebens darstellte. Eine schiefe Ebene, man muß es zugeben, auf der ich Gefahr lief, in den Morast der Sammlungen und des Sammelns abzugleiten, – hätte nicht an erster Stelle mein vorherrschender Sinn für das Universale gestanden, der mir selbst in der Genugtuung, das meistgeschätzte Exemplar zu berühren, im Grunde nichts anderes gestattete, als die Freude an einem sehr intimen (oder wenigstens so geglaubten) Kontakt mit dem zu genießen, was für mich später «die Biosphäre» werden sollte; – und wäre mein Geist nicht in einem günstigen Augenblick schließlich entscheidend beeindruckt worden durch die Begegnung mit der Physik und den Physikern.

Während nur drei Jahren in Jersey, dann während weiterer drei Jahre in Kairo (1906–1908) habe ich (so viel wie ich konnte) eine ziemlich elementare Physik studiert und (schlecht und recht) unterrichtet: die Physik vor der Quanten[physik], der Relativitäts[theorie] und der [Erkenntnis der] Struktur des Atoms. Das besagt, daß ich auf diesem Gebiet technisch ein Amateur bin, ein Laie. Und dennoch, wie soll ich es sagen, bis zu welchem Punkt ich mich gerade in dieser Welt der Elektronen, der Kerne, der Wellen «daheim» fühle, erfüllt und wohlgemut... Die Konsistenz, das Totale, das Einzige, das Wesentliche meiner Kinderträume, ist es nicht in den unermeßlichen kosmischen Realitäten (Masse, Durchlässigkeit, Strahlung, Krümmungen etc.), in denen sich der Stoff der Dinge unserer Erfahrung in einer zugleich unendlich elementaren wie unendlich geometrisch geordneten Weise darbietet, – liegt es nicht an dieser geheimnisvollen Schwerkraft (deren Geheimnis später zu ergründen ich mir mit 22 Jahren ehrlich vorgenommen hatte), daß ich den «Archetypen» begegnet bin, denjenigen nämlich, die mir (wie wir sehen werden) selbst bis ins Christische hinein heute noch helfen, mich mir selber zu erklären?

Zwischen der Welt der Tiere und der Welt der Kräfte, wie eine Grundschicht, die Welt der Steine. Und über dem fest verbundenen Gesamt – oft einem reichen Vorhang ähnlich, oft einer anregenden Atmosphäre – eine erste Welle von Exotik, die über mich hereinbricht: der Orient, erahnt und begierig «getrunken», nicht etwa in seinen Völkern und ihrer Geschichte (für mich noch ohne Interesse), sondern in seinem Licht, seiner Vegetation, seiner Fauna und seinen Wüsten... Das war, als ich ungefähr 28 Jahre alt war, der spirituelle, ziemlich wirre

Komplex, in dessen Mitte, ohne schon eine sehr deutliche Flamme zu zeigen, meine leidenschaftliche Liebe zum Universum lohte.

Tatsächlich befand ich mich damals, ohne mir darüber im klaren zu sein, in meinem Erwachen zum kosmischen Leben an einem toten Punkt, von dem ich nicht weggekommen wäre ohne das Dazwischentreten einer neuen Kraft oder eines neuen Lichtes. Toter Punkt oder vielmehr die subtile Neigung, zu einer niederen Form (der banalen und leichten Form) des Pantheismus abzugleiten: dem Pantheismus des sich Ausgießens und der Auflösung.

Denn, wenn der anfängliche Ruf, den ich vernommen hatte, wirklich von der Materie ausging, warum (flüsterte jemand in mir), warum dann nicht das Wesen, das «Herz» derselben eben in der Richtung suchen, wo sich alle Dinge «ultra-materialisieren»; – d.h. gerade auf der Seite jener unglaublich *einfachen* und umfassenden Realitäten, die mir zuletzt die Physik der Energie und des «Äthers» (wie man damals noch sagte) enthüllt hatte. Anders ausgedrückt: Um der erbarmungslosen Gebrechlichkeit des Vielen zu entgehen, warum sich nicht noch tiefer einrichten, und unterhalb von ihm?

So versuchten auf verführerische Weise in mir Fuß zu fassen die Beschäftigung und die Vorliebe (ganz und gar orientalisch – in ihrem wissenschaftlichen Gewand) für einen *gemeinsamen Grund* des Greifbaren, – Element aller Elemente, – Träger aller Substanzen –, auf direkte Weise faßbar durch Entspannung und Ausbreitung, *diesseits* jeder Bestimmung und jeder Form.

Besitz der Welt durch Hingabe, Passivität und Verschwinden im Schoß eines grenzenlos Amorphen; Bewe-

gung einer «zentrifugalen Kommunion», beseelt durch den Instinkt, sich auszubreiten und sich zu verbreiten, noch unterhalb jeder besonderen Vielzahl und jeder besonderen Aufteilung, in die Dimensionen und in die Homogenität der totalen Sphäre...
Um alles zu sein, mich mit allem verschmelzen.
Dies die mystische Haltung, zu der mich logischerweise im Gefolge so vieler Poeten und hinduistischer Mystiker ein angeborenes, nicht unterdrückbares Bedürfnis nach Erfüllung durch Annäherung, ich sage nicht *an die anderen,* sondern *an den Anderen,* geführt hätte, – wenn nicht glücklicherweise in mir, gerade zur rechten Zeit, wie eine Knospe, ich weiß nicht woher, die Idee der Evolution aufgebrochen wäre.

3. Die Entdeckung der Evolution

Es war in den Jahren meines Theologiestudiums in Hastings (d.h. gleich nach dem verwundernden Erwachen in Ägypten), als nach und nach – weniger als ein abstrakter Begriff denn als *eine Gegenwart* – in mir das Bewußtsein einer tiefen, ontologischen, totalen Drift des Universums um mich herum zu wachsen begann, bis es meinen inneren Himmel ganz und gar erfüllte.
Unter welchen Einflüssen oder welchem Schock, infolge welchen Prozesses und durch welche Etappen ist dieses Gefühl aufgetaucht und hat so tiefe Wurzeln in mir geschlagen?... Ich wäre in Verlegenheit, es zu sagen. Ich erinnere mich gut, daß ich zu dieser Zeit begierig die *Evolution Créatrice* gelesen habe. Doch abgesehen davon, daß ich in dieser Epoche nur schlecht begriff, worin genau die

Bergsonsche Dauer[6] bestand, erkenne ich klar, daß die Wirkung dieser flammenden Seiten nur darin bestand, im gegebenen Augenblick und nur für kurze Zeit ein Feuer zu schüren, das mein Herz und meinen Geist bereits verzehrte. Ein Feuer, das sich entfachte, stelle ich mir vor, durch die einfache Gegenüberstellung, unter «monistischer» Hochspannung, der drei zündenden Elemente in mir, die sich im Laufe von dreißig Jahren langsam im Innersten meiner Seele angehäuft hatten: der Kult der Materie, der Kult des Lebens, der Kult der Energie. Alle drei fanden einen möglichen Ausgang und eine mögliche Synthese in einer Welt, die sich plötzlich aus der zerstückelten Bedingung eines statischen Kosmos (durch Hinzufügung einer weiteren Dimension) übergehen sah in den organischen Zustand und die organische Würde einer Kosmogenese.

In diesem Anfangsstadium war ich begreiflicherweise weit davon entfernt, die Bedeutung der Veränderung zu verstehen und zu ermessen, die sich in mir vollzog. Alles von damals, woran ich mich erinnere (zusätzlich zu diesem magischen Wort «Evolution», das mir unaufhörlich in den Sinn kam wie ein Refrain, wie ein Geschmack, wie eine Verheißung und wie ein Anruf...), – alles, woran ich mich erinnere, ist, meine ich, die außerordentliche Dichte und Intensität, die die englische Landschaft in jener Epoche für mich annahm – vor allem beim Sonnenuntergang –, wenn die Wälder von Sussex sich, man möchte sagen, mit dem ganzen «fossilen» Leben aufluden, dem ich damals von den Klippen bis zu den Steinbrüchen in den Schiefern der untersten Kreidezeit Südenglands nachging. Für Augenblicke schien es wirklich, als ob eine Art universales Wesen plötzlich vor meinen Augen in der

Natur Gestalt annahm. – Aber es ging schon nicht mehr wie früher in Richtung «Ultra-Materielles», sondern im Gegenteil in Richtung von etwas «Ultra-Lebendigem», in dem ich die unaussprechliche Stimmung zu begreifen und festzumachen suchte... Der Sinn für die Fülle hatte sich in mir gleichsam gewendet. Seither habe ich nicht aufgehört, in diese neue Richtung zu schauen und voranzugehen.

Verweilen wir noch ein wenig bei dieser Wende und dieser Entdeckung.

Aufgrund meiner Erziehung und meiner Religion hatte ich bis dahin stets folgsam, – ohne übrigens weiter darüber nachzudenken –, eine grundlegende Andersartigkeit zwischen Materie und Geist angenommen. – Leib und Seele, Unbewußtes und Bewußtes: zwei «Substanzen» von verschiedener Natur, zwei «Arten» des Seins, auf unbegreifliche Weise im lebendig Zusammengesetzten verbunden, von denen man, so versicherte man mir, um jeden Preis fest annehmen mußte, daß die erste (meine göttliche Materie!) nur die demütige Dienerin (um nicht zu sagen Widersacherin) der zweiten wäre: diese (d.h. der Geist) war in meinen Augen seit langem schon deshalb etwas Minderwertiges, als sie nicht mehr war als ein Schatten, den man im Prinzip zwar durchaus ehren mußte, für den ich aber (gefühlsmäßig und intellektuell gesprochen) in Wirklichkeit überhaupt kein lebendiges Interesse empfand. Man stelle sich deshalb mein inneres Erlebnis der Befreiung und der Entfaltung vor, als ich bei meinen ersten noch zögernden Schritten in einem «evolutiven» Universum feststellte, daß der Dualismus, in dem man mich bislang festgehalten hatte, sich wie ein Nebel vor der aufgehenden Sonne auflöste.

Materie und Geist: gar nicht zwei Dinge, – sondern zwei *Zustände,* zwei Gesichter ein und desselben kosmischen Stoffes, je nachdem man ihn betrachtet oder in der Richtung verlängert, in der (wie Bergson sagen würde) er sich bildet – oder im Gegenteil in der Richtung, in der er sich auflöst.

«Sich bilden» oder «sich auflösen»: sicher noch schrecklich unbestimmte Begriffe, – und es sollte einige Jahrzehnte brauchen, um sie in meinem Kopf zu präzisieren; – immerhin Ausdrücke, die auf ihre Art genügten, mich von da an schon in einer Haltung oder einer Entscheidung zu festigen, die den ganzen Ablauf meiner inneren Entwicklung bestimmen sollte und deren Hauptmerkmale sich in diesen einfachen Worten definieren lassen: der Vorrang des Geistes; oder, was auf dasselbe hinausläuft, der Vorrang der Zukunft.

Ohne Zweifel genügt, genau genommen, die einfache Tatsache, daß man die vermeintliche Barriere zwischen dem Inneren und dem Äußeren der Dinge hat fallen sehen, – oder daß man feststellt, es bildet sich, wenn die trennende Wand einmal gefallen ist, in der Natur ein Strom, erfahrbar und greifbar, vom weniger Bewußten zum mehr Bewußten, – diese Tatsache, gestehe ich, genügt für sich allein noch nicht, um rigoros eine absolute Überlegenheit des Belebten über das Unbelebte, – der Seele über den Leib zu behaupten. Warum, in der Tat, sollte sich der Kosmos nicht von einem Pol zum anderen hin indifferent ausbalancieren? Oder warum sollte er sich nicht nach einer bestimmten Anzahl von Schwingungen am Ende des Laufes auf der Position Materie unbeweglich fixieren?... Wären das nicht ebenso viele begreifliche Formulierungen der Evolution?

Es ist erstaunlich, daß diese verschiedenen Fragen, die sich mir in der Folge unvermeidbar stellen sollten (und die ich wenigstens für meinen persönlichen Gebrauch beantwortet zu haben glaube), mir im ersten Moment nicht aufschienen. Sei es überwältigt durch instinktive Einsicht – die Einsicht, daß ich mich nicht täuschen könnte, wenn ich der kosmischen Bewegung, die mir erschienen war, ein Maximum von schöpferischem Wert und Unveränderlichkeit zuerkannte, – sei es durch die dunkle Vorwegnahme der psychischen Bedingungen oder Erfordernisse der Evolution (wie sie mir später das Studium der menschlichen Energie offenbarte), ich hielt mich keinen Augenblick ernsthaft bei der Idee auf, daß die fortschreitende Vergeistigung der Materie, an der mich die Paläontologie so klar teilnehmen ließ, eine andere und mindere Sache sein könnte als ein *unumkehrbarer* Prozeß. Das sich in Gravitation befindende Universum fiel dem Geist wie seinem stabilen Zustand entgegen, nach vorn. Anders gesagt: verlängert, vertieft, durchdrungen bis auf den Grund, *ihrer wahren Richtung folgend,* verwandelt sich die Materie, anstatt sich zu ultra-materialisieren, wie ich zuerst geglaubt hatte, im Gegenteil unwiderstehlich in Psyche. Nicht metaphysisch, sondern genetisch betrachtet, wurde der Geist, weit davon entfernt, Antagonist oder Antipode zu sein, das Herz des Greifbaren selbst, das ich zu erreichen suchte.
Ich brauchte ein ganzes Leben, um zu ermessen (und noch sehr unvollständig!), was diese Wertübertragung (was diese Veränderung im Begriff des «Geistes») für die Intelligenz, das Gebet, das Handeln an unausschöpfbar Konstruktivem... und zugleich Revolutionärem in sich hatte.

Vorläufig war meine innere Situation die folgende: Indem ich direkt aus dem alten statischen Dualismus, der mich lähmte, hinaussprang, um in einem Universum, in einem Zustand nicht der Evolution, sondern *gerichteter Evolution* (d.h. der Genese) aufzutauchen, war ich dazu gebracht worden, wahrhaft eine Wende in meiner grundlegenden Suche nach der Konsistenz herbeizuführen. Bis dahin, ich habe es bereits erwähnt, tendierte mein Leitsinn für die Fülle dahin, sich im Bereich des «äußerst Einfachen» (d.h. am physisch Unteilbaren) zu orientieren und zu fixieren. Von jetzt an, da das einzigartige und wertvolle Wesen des Universums für mich die Form eines Evolutiven angenommen hatte, in welchem sich durch fortgesetzte Wirkung der Noogenese Materie in Geist verwandelte, fand ich mich unvermeidlich und paradoxerweise dazu gebracht, die äußerste Solidheit der Dinge in *einer äußerst organischen Komplexität* zu sehen. Wie konnte das Vergänglichste durch Synthese-Wirkung das höchst Unzerstörbare werden?... Da ich bis dahin «die biologischen Gesetze der Einigung» noch nicht wahrgenommen und die wunderbaren Merkmale einer universellen Krümmung noch nicht erkannt hatte, war mir die Lösung des Problems noch nicht recht einsichtig. Aber ich zweifelte nicht mehr daran, daß ich die Seligkeit, die ich früher «im Eisen» gesucht hatte, allein im Geist finden konnte.

Und tatsächlich stiegen schon, wie um mich zu versichern, an meinem inneren Horizont zwei immense lebendige Einheiten auf, – Einheiten von planetarischen Dimensionen, an denen ich durch ein Übermaß gerade an Komposition und Organizität sehen konnte, wie sich eine außerordentliche Fähigkeit zur «Konsolidierung durch

Komplexifikation» im Innersten des kosmischen Stoffes manifestierte.
Die eine, in der sich nach und nach meine vielfältigen Erfahrungen als Biologe im Gelände und im Laboratorium ohne Anstrengung ordneten und harmonisierten: die lebendige Hülle der Erde, – die Biosphäre.
Und die andere, um deren endgültige Perspektive zu sehen, es für meinen Geist nichts weniger brauchte als den großen Schock des Krieges: die totalisierte Humanität, – die Noosphäre.

II. Das Menschliche oder das Konvergierende

Heute bildet der Mensch, oder genauer das *Menschliche*[7], den Pfeiler, auf den sich das ganze Gebäude meines inneren Universums stützt, auf dem es sich artikuliert, der es zusammenhält und auf dem es sich bewegt. Aber weit entfernt davon, daß er sich in dieser zentralen Stellung, in meinen Perspektiven, ohne Widerstand und auf den ersten Schlag befunden hätte.

Infolge des in mir erwachten Begriffs der Evolution hatte der Geist (wie bereits gesagt) in meinen Augen das Mineral und das Atom in ihrer unveränderlichen, das Universum umhüllenden Seinswürde verdrängt. Aber dieser *Geist,* den ich recht vage als eine Art Gegensatz zur Energie des Physikers auffaßte, blieb – und das sollte lange Zeit dauern – für mich ohne genaue Strukturen[8]; zwei hartnäckige, angeborene Vorurteile hielten mich davon ab, der (immerhin recht klaren) Tatsache ins Auge zu schauen und sie anzunehmen: Wenn die Welt wahrhaftig ein organisch-dynamisches System darstellt auf dem Weg der seelischen Verinnerlichung, dann vollzieht sich die Noogenese durch das Fleisch, auf dem Weg der Vermenschlichung.

Einerseits (ich habe diese Reaktion schon weiter oben erwähnt, als ich von meinen ersten Beziehungen zur Natur sprach), – einerseits, sage ich, fuhr die physisch-chemische Instabilität der organischen Substanzen im allgemeinen, und im besonderen des menschlichen Körpers[9], fort, trotz aller gegenteiligen intellektuellen Einsicht mein Bedürfnis nach Konsistenz gefühlsmäßig zu erschüttern.

Andererseits – ein neues Hindernis –, je mehr sich in meinem Denken der Vorrang und das Anziehende des Kosmischen festigten und wuchsen, um so mehr verwirrte und genierte mich im Kontrast dazu das Menschliche durch das Übergewicht, das auf seinem Niveau das «Individuelle», das «Zufällige», das «Künstliche» annahmen... Durchbrach und zerriß beim Menschen die Vielzahl nicht unvermeidbar und verhängnisvoll das Universale und das Totale?... Ließ der Baum den Wald, ich sage nicht nur *sehen,* sondern *fortbestehen?...*

Es scheint mir, ich könnte auf eine etwas schematische Weise die Etappen auf *drei* zurückführen, die ich zwischen dem dreißigsten und fünfzigsten Lebensjahr durchlaufen mußte, um die zwei Arten inneren Widerstrebens zu überwinden und mir schließlich der außergewöhnlichen kosmischen Reichtümer voll bewußt zu werden, die im menschlichen Phänomen konzentriert sind:

Die erste Etappe eröffnete mir den Zugang zum Begriff des menschlich Planetarischen (Existenz und Umriß einer Noosphäre).

Die zweite enthüllte mir ausdrücklicher die kritische Umwandlung, die der kosmische Stoff auf der Stufe der Reflexion erfährt.

Und die dritte führte mich aufgrund der psycho-physischen Konvergenz (oder «Planetarisation») dazu, ein beschleunigtes Ausufern der Noosphäre in Richtung ultramenschlicher Zustände zu erkennen.

1. Die Realität der Noosphäre

Wenn ich mich nicht irre, habe ich mir erst um 1927, d.h. nach meiner ersten China-Reise, in einem Mémoire über den Menschen[10] zum erstenmal erlaubt – wegen der Symmetrie zur Biosphäre von Suess –, von *Noosphäre* zu sprechen, um die denkende Hülle der Erde zu bezeichnen. Doch wenn das Wort in meinen Schriften auch erst zu diesem relativ späten Datum erscheint, die Vision selbst war zehn Jahre früher in meinem Kopf aufgetaucht, in längerem Kontakt mit den enormen Menschenmassen, die sich damals von der Yser bis Verdun in den Schützengräben Frankreichs gegenüberlagen.

Die Atmosphäre der «Front»...

Lag es nicht daran, daß ich darin eingetaucht wurde, – und mich während Monaten damit vollsog –, genau dort, wo sie am intensivsten, am dichtesten war, um entschieden aufzuhören, zwischen «Physischem» und «Moralischem», zwischen «Natürlichem» und «Künstlichem» irgendeinen Bruch (wenn nicht sogar irgendeinen Unterschied) wahrzunehmen: die «Million Menschen» mit ihrer psychischen Temperatur und ihrer inneren Energie wurde für mich eine ebenso evolutiv reale und daher auch biologische Größe wie ein gigantisches Protein-Molekül.

In der Folge bin ich oft durch folgende Feststellung überrascht worden: Den Widersprechenden in meiner Umgebung war es völlig unmöglich zu begreifen, daß sich das menschliche Individuum aufgrund der Tatsache, daß es eine *korpuskulare Größe* darstellt, wie jede andere Art von Korpuskeln in der Welt eingebunden finden muß in die physischen Gruppierungen einer im Vergleich zu ihm höheren Ordnung, – Gruppierungen, die es nie *als solche* direkt erfassen kann (eben wegen der Größenordnung n + 1)[11], – aber deren Existenz und Einflüsse ihm an vielfältigen Zeichen durchaus erkennbar sind. Diese noch relativ seltene Gabe oder Fähigkeit[12], die Realität und die Organizität der kollektiven Größen *wahrzunehmen,* ohne sie zu *sehen,* ist zweifelsohne, ich wiederhole es, die Erfahrung des Krieges, die mich dessen hat bewußt werden lassen und in mir daraus *gleichsam einen weiteren Sinn* entwickelte[13].

Nachdem nun einmal dieser zusätzliche Sinn erworben war, erhob sich vor meinen Augen wortwörtlich ein neues Universum: neben (oder über) dem Universum der großen Massen das Universum (wie ich später sagen werde) der großen Komplexe. In der Erde hatte mein erster Instinkt ursprünglich mit Vorliebe das Zentralste und das Schwerste betrachtet, – sagen wir die «Barysphäre»... Nun begannen meine Aufmerksamkeit und mein Interesse (immer polarisiert durch dasselbe Grundbedürfnis nach Solidität und Unverderblichkeit) langsam aufzusteigen vom sehr einfachen zentralen Kern zu den peripheren Schichten des Planeten, die zwar lächerlich dünn, aber hervorragend aktiv und komplex sind. Ich empfand nun nicht nur keine Schwierigkeiten mehr, die organische Einheit der lebendigen Membrane irgendwie intuitiv zu erfassen, die wie ein Film auf der erleuchteten Oberfläche des Gestirns, das uns trägt, ausgebreitet ist. Vielmehr begann, sich nach und nach individualisierend und sich ablösend, wie eine leuchtende *Aura* um diese sinnliche Protoplasmaschicht herum eine letzte Hülle aufzuscheinen, – eine nicht nur bewußte, sondern denkende Hülle –, in der für mein Auge das Wesen oder, besser gesagt, die Seele der Erde selbst nicht mehr aufhören sollte, sich unentwegt mit wachsendem Glanz und wachsender Konsistenz zu konzentrieren.

2. Der Stoff der Noosphäre

Im Laufe einer ersten Zeit der Wahrnehmung war die Eigenschaft, die meine Aufmerksamkeit in der Noosphäre am meisten auf sich zog, «ihre Oberflächen-Spannung», wie ich mir zu sagen erlaubte. Ein außergewöhnliches Beispiel (ein einmaliger Fall!) auf dem Feld unserer Beobachtung, von einer lebendigen Größe, von planetarischen Dimensionen, die sich rigoros auf sich selbst totalisiert. An der Basis (wie in jeder «Sphäre») Allgegenwart und Solidarität. Aber darüber, zusätzlich, organische Einheit des Wirkens.

Die ungeordnete Menge der Lebewesen übergreifend, die menschliche Einzigkeit...

Diese bemerkenswerte Einzigartigkeit im Zusammenhalt genügte für sich allein, um meinen Geschmack am Erfassen-des-Kosmischen-unter-seinen-extremen-Formen auf sich zu ziehen und zu faszinieren. Sie war jedoch in der Geschichte meiner Entdeckung des Menschlichen nur eine erste Annäherung, – oder wenn man es vorzieht, eine erste Öffnung, welche wie durch drei Grade die Natur des noosphärischen Stoffes selbst, in seiner Tiefenstruktur betrachtet, erleuchtete.

An der Wurzel eine ursprüngliche Disposition, *sui generis,* der kosmischen Substanz, sich anzuordnen und in sich selbst einzurollen.

Im Verlauf des Weges, für einen bestimmten Wert der

physikalisch-chemischen Anordnung der belebten Materie, ein kritischer Punkt «der Reflexion», der den ganzen Reigen der spezifischen Eigenschaften des Menschlichen auslöst.
Schließlich verbreitet, durch die Einwirkung der Reflexion, im Mark des Noosphärischen selbst, ein Erfordernis und ein Keim vollständiger und definitiver Unveränderbarkeit.
Ich habe weiter oben den merkwürdigen Zauber erwähnt, den die Phänomene der Schwerkraft auf meinen noch ganz jungen Geist ausübten. Ist es reiner Zufall, daß anstelle dieser geheimnisvollen Energie, deren Studium technisch außerhalb meiner Reichweite lag, mir nach und nach eine andere Größe von gleicher Ausbreitung und gleichem Verhalten aufging in einem Gebiet, das zugleich meinen Anstrengungen zugänglicher und der Achse der Kosmogenese selber näher lag? Nicht mehr die universelle «Anziehung», wodurch sich die kosmische Masse allmählich sich selbst annähert, sondern die noch nicht wahrgenommene und unbenannte Kraft, welche die Materie (in dem Maße, als sie sich unter Druck ansammelt) zwingt, sich in immer größeren, differenzierteren und organisierteren Korpuskeln anzuordnen. Entgegengesetzt und über der *Kurve-die-annähert* die *Kurve-die-anordnet*... Nicht mehr friedliche Drift zum Gleichgewicht und zur Ruhe; – sondern unwiderstehlicher «Strudel», der den Stoff der Dinge in eine einzige Richtung[14] vom Einfachsten zum Komplexesten zieht, – ihn zu immer voluminöseren und astronomisch komplizierteren Kernen zusammendreht; – dieser anordnende Wirbel läßt als Resultat durch einen Vorgang der Verinnerlichung das Bewußtsein (die psychische Tempe-

ratur) im Herzen der sukzessiv gezeugten Korpuskel ansteigen[15].
Der phantastische Wirbel der Elektronen, der Kerne, der Atome geht weiter, verzweigt und intensiviert sich geheimnisvoll im Tiefsten der Zelle und der zellulären Gebilde...
Seit dreißig Jahren habe ich nicht aufgehört zu sehen, wie sich in diesem fundamentalen Maëlstrom [norwegischer Küstenstrudel], die falsche, oberflächliche Ruhe der belebten Materie vereinfachte, verwesentlichte, verklärte.
Belebte Materie: eine zerbrechliche Sache, deren scheinbare Unbedeutendheit mein Anbetungsbedürfnis bis dahin immer beunruhigt und enttäuscht hatte.
Belebte Materie: delikater Schaum, der auf der Oberfläche des planetarischen Schmelztiegels prekär dahintreibt...
Und nun sah ich plötzlich in dir, durch all deine Poren wie ein Saft oder wie eine Flamme die Konsistenz der Welt selbst emporsteigen und hervorströmen.
Und gleichzeitig erhellte und ordnete sich für meinen sensibilisierten Blick alles in den Dingen auf der doppelten Skala der Werte und der Zeiten.
Denn zuallererst: Wenn das Leben nicht mehr, wie es früher scheinen konnte, eine Anomalie, ein Zufall, eine Ausnahme ist, – sondern wenn es nur die Manifestation, lokal kulminierend, einer fundamentalen Drift der Materie darstellt, – dann schmälert die gegenwärtig unter alle Himmel zerstreute winzige Quantität organischer Substanz nicht mehr ihre *Qualität.* In der Tat, was bedeutet schon die Seltenheit der Lebewesen, wenn diese Seltenheit nur die Wirkung und der Ausdruck der Schwierigkeiten ist, die durch das Spiel der Chancen dem Auftau-

chen einer Kraft der «Komplexifikation» entgegenstehen, die überall im Universum Druck ausübt.
Aber mehr noch.
Hatte man (nicht im Widerspruch, sondern in Ergänzung oder sogar in Dominanz gegenüber dem mechanistischen Prinzip der «geringeren Anstrengung») das große biophysikalische Prinzip der «größten Anordnung» der Materie erkannt und zugelassen, war es für meinen Geist klar, daß man erwarten mußte, das Leben, hatte es irgendwo auf der Welt Fuß gefaßt, sich auf dem belebten Gestirn nicht nur ausbreiten, sondern auch (durch Spiel der Ultra-Komplexifikation) so viel wie möglich intensivieren zu sehen. So erklärte sich im Verlauf der geologischen Zeiträume der hartnäckige, irreversible Aufstieg der Gehirnbildung und des Bewußtseins auf der Oberfläche der Erde. Und so erhielt das hominisierende Phänomen der Reflexion in meinen Augen seine volle Bedeutung. Die Reflexion, der kritische «kosmische» Punkt, dem jede Materie, die ein gewisses Übermaß an psychischer Temperatur und Organisation erreicht hatte, in einem gegebenen Augenblick unvermeidbar begegnen und den sie durchlaufen mußte. Die Reflexion, Übergang (wie durch eine zweite Geburt) vom einfachen Leben zum «Leben im Quadrat». Die Reflexion, notwendige und ausreichende Eigenschaft, um die namhafte Diskontinuität und eine gewisse Abtrennung, die zwischen Bio- und Noosphäre experimentell erkennbar ist, zu erklären.
Die Materie, Gebärmutter des Geistes. Der Geist, höherer Zustand der Materie.
In diesen zwei Sätzen, welche die eigentliche Achse meiner inneren Perspektive und meines inneren Fortschritts

geworden waren, hatte das Wort *Geist* seitdem einen genauen und konkreten Sinn angenommen. Er war der *strukturierte Begriff einer bestimmten Operation* geworden.

Jetzt könnte ich mich leicht mit dem freudianischen Unterbewußten konfrontiert sehen oder mit irgendeinem der philosophischen, künstlerischen oder literarischen Intuitionismen, die seit dem Ersten Weltkrieg so Mode geworden sind. Meine Position war aber von da an für immer festgelegt. Denn ich hatte ein für allemal gesehen, daß die Welt, sich selbst überlassen, mit ihrer ganzen Größe und ihrem ganzen Gewicht nicht in Richtung der Dunkelheit, sondern in Richtung des Lichtes ins Gleichgewicht nach vorn fällt. Und nichts könnte mich künftig mehr von dieser unwiderruflichen Überzeugung abweichen lassen, daß sich der Stoff der Dinge unter der Form, ich sage nicht der Begriffe, sondern des *Denkens* nach und nach zum reinen Zustand in der Spitze des Kosmos sammelt, – unter seiner stabilsten, d.h. am vollkommensten irreversibilisierten Form.

Das aber verlangt, um gut verstanden zu werden, gewisse Entwicklungen, die diesmal nicht mehr irgendeiner früheren Periode entstammen, sondern der fortgeschrittensten Phase meines inneren Abenteuers auf der Suche nach dem Herzen der Dinge.

3. Die Evolution der Noosphäre

Selbst unter denen (glücklicherweise immer zahlreicheren), die gewisse Gewohnheiten des routinierten Geistes und gewisse anatomische Illusionen überwunden haben und anfangen, eine Noosphäre zu unterscheiden, welche die Biosphäre mit einem Strahlenkranz umgibt, ist die Übereinstimmung in der Frage, ob dieser «Kranz» der *reflektierten* erdumfassenden Substanz seine planetarische Evolution schon beendet hat, ja oder nein, noch weit entfernt.

Nun hat mich genau diese höchst wichtige Frage eines *toten Punktes* der Anthropogenese bewogen, mit allem Elan meiner inneren Einsicht im Verlauf dieser letzten Jahre eine entschiedene Haltung einzunehmen.

Seit sehr langer Zeit schon (vgl. zum Beispiel «Mein Glaube») hatte ich bemerkt, wie sehr die Menschheit durch ihren Zustand zurückbleibender Un-Organisation die Möglichkeit und daher das Bevorstehen irgendeines Zustandes höherer Einigung verrät. *A priori* (d.h. nach einem Urteil aufgrund ihrer Fähigkeit der Ultra-Anordnung) könnte man behaupten, die Hominisation dauere noch an.

Nun, gerade die Realität dieser organisch-psychischen Drift hat seit 1939 nicht aufgehört, mir im Lichte der Tatsachen in wachsender Klarheit zu erscheinen; mit dem Resultat, meinem angeborenen Bedürfnis nach Fülle und Konsistenz eine endgültige Form und ein endgültiges Objekt zu geben.

Wenn man den Anhängern eines gewissen «gesunden Menschenverstandes» Glauben schenkte, wäre die Bewegung der kosmischen Einrollung, aus der gegen Ende des Tertiärs der menschliche zoologische Typ hervorging, seit mehreren Jahrtausenden vollkommen zum Stillstand gekommen. Wüßte die Menschheit, wiederholt man vor unseren Ohren, jemals Besseres hervorzubringen als Beethoven oder Platon? – Nun, gerade im Gegenteil, werde ich antworten: Warum nicht sehen, daß der Prozeß der Konvergenz, aus dem wir mit Leib und Seele hervorgegangen sind, fortfährt, uns enger als je einzuhüllen, uns unter den Zügen und wie in den Falten einer gigantischen planetarischen Kontraktion einzuschließen?...

Den unwiderstehlichen «Zugriff» oder den Einschluß durch eine denkende Masse (die Menschheit), die sich mehr und mehr durch Vermehrung und Ausbreitung ihrer individuellen Elemente auf sich selbst komprimiert: wer von uns erlebt das nicht ohne Erschütterung bis ins Mark?... Diese erstaunliche Anatomie eines mächtigen Phylums, dessen Zweige, statt wie gewohnt auseinanderzustreben – wie bei einem riesigen Blütenstand –, sich unaufhörlich immer enger die einen über die anderen zusammenfalten – wie eine enorme Blume, sage ich, die sich wieder in sich schließt... Diese wahrhaft erdumspannende Physiologie eines Organismus, wo die Zeugung, die Ernährung, die Maschinerie, die Forschung und die Vererbung wirklich eine planetarische Weite annehmen... Diese für das Individuum wachsende Unmöglichkeit, sich ökonomisch und intellektuell zu genügen... Niemand mehr würde heute versuchen, das zu leugnen. – Wie aber kommt es, daß unsere Augen vor der kosmogenischen (oder genauer «noogenischen») Bedeutung des Phänomens gewöhnlich noch hartnäckig verschlossen bleiben? Wie kommt es, anders gesagt, daß wir in der beschleunigten Totalisation, gegen die wir zuweilen so verzweifelt ankämpfen, nicht ganz einfach die normale Fortsetzung, über unsere Köpfe hinweg, des Zeugungsprozesses des irdischen Denkens erkennen: eine Bewegung der Gehirnbildung!

Unter der kombinierten Wirkung der Technik und der

Sozialisation stimmt man der Anerkennung zu, daß die menschliche Schau in einigen Sektoren (besonders in dem der reinen Wissenschaft) wächst. Aber man weigert sich immer noch anzunehmen, daß sogar das *Organ* dieser Schau sich erblich noch weiter vervollkommnen kann. – Dieser Art waren nun gerade das hartnäckige Vorurteil und die Illusion, denen ich eines schönen Tages gänzlich entkam. Daß in jedem menschlichen Element die individuelle Kraft zu fühlen und zu denken (wenigstens provisorisch) seit dreißig- bis vierzigtausend Jahren keine Fortschritte mehr macht, – das ist möglich. Aber daß die Hominisation in ihrem Wesen (d.h. die Konzentration des globalen irdischen Psychismus auf sich selbst) bereits und für immer aufgehört haben soll: genau das leugnet formell meiner Meinung nach das phantastische Schauspiel, das sich gerade vor unseren Augen abspielt, einer *kollektiven Reflexion,* die im gleichen Rhythmus wie eine sich mehr und mehr vereinigende Organisation rasch ansteigt.

Komplikation (unter Druck) und psychische «Temperatur» fahren fort, sich um uns herum zu erheben, diesmal nicht mehr in den Dimensionen des Individuums, sondern nach planetarischem Maßstab. Wie kann man an diesem bekannten Zeichen nicht die objektive, experimentelle Realität einer gerichteten Transformation der Noosphäre «as a whole» [als eines Ganzen] erkennen?

Zoologisch und psychologisch gesprochen: Der Mensch, endlich in der kosmischen Integrität seiner Flugbahn wahrgenommen, befindet sich darin erst noch in einem embryonalen Stadium, oberhalb dem sich schon ein breiter Streifen des ULTRA-MENSCHLICHEN *abzeichnet.*

In dieser Einsicht in eine «schöpferische» Drift, welche

die menschlichen Mega-Moleküle (unter der statistischen Wirkung sogar ihrer wachsenden Freiheiten) in die Richtung eines unglaublichen quasi-«mono-molekularen» Zustandes mitreißt, wo (entsprechend den biologischen Gesetzen der Einigung[16]) jedes *ego* dazu bestimmt ist, seinen Paroxismus [Höchststeigerung] in irgendeinem geheimnisvollen *super-ego* zu erreichen, gipfelt, kann ich sagen, in diesem Jahr 1950 die Evolution meiner inneren Schau.

Seit sehr langer Zeit (eigentlich von dem Moment an, wo sich das Gleichgewicht der Welt in meinen Augen von hinten nach vorn umgekehrt hat) hatte ich nicht aufgehört, an der Spitze der Kosmogenese die Existenz eines Poles zu ahnen, nicht nur der Anziehung, sondern der *Konsolidierung,* – das heißt der *Irreversibilität.*

Durch eine menschliche Reifung, die biodynamisch ihren kritischen und endgültigen Punkt der Ultra-Reflexion nur genährt und mitgerissen durch eine wachsende Hoffnung auf Unsterblichkeit zu erreichen wußte, wurde es schließlich ermöglicht oder in seiner Existenz sogar erfordert, daß sich dieser geheimnisvolle Herd der Noogenese endlich für meine Erfahrung materialisierte. In einer einzigen und unwiderstehlichen Bewegung, bewirkt durch Konvergenz, hat sich das Unveränderliche, von dem ich immer träumte, *zugleich* universalisiert und personalisiert.

Das «Stück Eisen» der ersten Tage ist seit langem vergessen. Aber an seiner Stelle halte ich jetzt unter der Gestalt des *Punktes Omega* die Konsistenz des Universums, zusammengefaßt (ich wüßte nicht zu sagen, ob eher über mir oder eher im Grund meiner selbst) in einem einzigen unzerstörbaren Zentrum, DAS ICH LIEBEN KANN.

III. Das Christische oder das Zentrische

Vorbemerkung: Die Reflexion oder Offenbarung des Punktes Omega

Mit der Entdeckung von Omega endet das, was ich den natürlichen Zweig meiner inneren Bahn auf der Suche nach der letzten Konsistenz des Universums nennen könnte. Nicht nur in der vagen Richtung des «Geistes», sondern unter der Gestalt des gut definierten über-persönlichen Brennpunktes hat sich schließlich, wie wir gesehen haben, meiner experimentellen Forschung ein Herz aller Materie offenbart. Wäre ich ein Ungläubiger gewesen und allein den Impulsen meines Sinnes für die Fülle überlassen, so wäre ich, scheint mir, auf jeden Fall zum selben spirituellen Gipfel meines inneren Abenteuers gelangt. Es ist sogar möglich, daß ich durch einfache rationale Vertiefung der kosmischen Eigenschaften von Omega («komplexe Einheit, in der sich die organisierte Summe der reflektierten Elemente der Welt im Schoß eines transzendenten Super-Ich irreversibilisiert») später im Verlauf einer letzten Bemühung dazu geführt worden wäre, in einem inkarnierten Gott den Reflex des letzten Mittelpunktes der Totalisation und der Konsolidierung, welcher durch die Evolution einer *reflektierten* lebendigen Masse biopsychologisch gefordert wird, auf unserer Noosphäre zu erkennen.

Um ganz Mensch zu sein, wäre ich wahrscheinlich gehalten gewesen, Christ zu werden.
Aber das alles ist nur eine willkürliche Annahme.
Tatsächlich wurde ich zu meinem Glück in einem ganz katholischen «Phylum» geboren, d.h. im Zentrum der privilegierten Zone selbst, wo sich mit der aufsteigenden kosmischen Kraft des «Komplexitäts-Bewußtseins» der absteigende (ansaugende) Fluß personaler und personalisierender Anziehung verbindet, zwischen Himmel und Erde in Gang gebracht durch die Wirkung der Hominisation.
Mit dem Resultat, daß mit der spontanen Evolution des angeborenen (oder «chromosomischen») kosmischen Sinnes in mir, den ich oben (im 1. und 2. Teil) analysiert habe, in gleicher Weise ein anderer Prozeß (dieser ausgelöst durch *Erziehung*) nie aufgehört hat, in meinem Geist und meinem Herzen fortzuleben: das Erwachen, will ich sagen, eines gewissen *christischen Sinnes,* dessen Phasen ich jetzt darlegen muß (ein zweites Mal ausgehend von meinen Kindheitserinnerungen).
Kosmischer Sinn und christischer Sinn: in ihrer Entstehung in mir zwei offenbar voneinander unabhängige Achsen; und es ist mir erst nach langer Zeit und vielen Anstrengungen gelungen, durch das Menschliche hindurch und über es hinaus deren Verbindung, Konvergenz und schließlich grundlegende Identität zu erfassen.

1. Das Herz Jesu

So einigend, so «kommunizierend» und daher so emotionsgeladen meine Kontaktnahme mit und Bewußtwerdung von dem Universum von Anfang an auch gewesen sind, sie waren, sich allein überlassen, dazu verurteilt, einen gewissen mittelmäßigen Grad an Intimität und Wärme nicht zu übersteigen. Zum Punkt Omega gelangte ich auf kosmischem und biologischem Weg tatsächlich nur mit äußerster Anstrengung, – dank eines dialektischen Aufschwungs, der mich vor das Antlitz einer eher «deduzierten und vermuteten» als erlebten und erfahrenen Entität brachte. Zentrum zu Zentrum, Herz zu Herz, mehr geahnt als realisiert. Sicherlich eine intensive leidenschaftliche Geste meinerseits, – aber noch nicht wirkliche Liebe: und daher zwischen den beiden eine ganze Welt...

Ein Funke mußte auf mich fallen, um das Feuer zum Brennen zu bringen.

Dieser Funke nun, durch den «mein Universum», nur erst zur Hälfte personalisiert, *sich vollends zentrieren sollte durch Amorisation,* kam zweifellos von meiner Mutter, ausgehend von dem christlichen mystischen Strom, mit dem sie meine Kinderseele erleuchtete und entzündete.

Später sollte ich mich oft wundern, wenn ich die außerordentliche Schwierigkeit bemerkte, die von vielen gut disponierten (und sogar dürstenden) Geistern empfunden wird, auch nur die *Möglichkeit* einer über-hominisierten Liebe zu begreifen.

Nichts dergleichen in dem, was mich betrifft.

Einfache Wirkung der ersten Erziehung? Oder eher Spur einer gewissen «psychischen Mutation», die nach und nach die Noosphäre unter den Einflüssen von Omega rund um die christliche Achse sensibilisiert? Oder eher beides zugleich?

Ich wüßte es nicht zu sagen.

Doch alles, was ich weiß, ist: Dank einer Art immer schon angenommener Gewohnheit habe ich in keinem Augenblick meines Lebens auch nur die geringste Schwierigkeit empfunden, mich an Gott zu wenden als an einen höchsten JEMAND. Und das so sehr, daß ich feststelle: Parallel zum «angeborenen» kosmischen Sinn, der, wie wir gesehen haben, das «Rückgrat» meines inneren Lebens bildet, hat in mir eine gewisse «Liebe zum Unsichtbaren» niemals aufgehört zu wirken[17]: dieser Geschmack, vom Himmel *übermittelt,* vollendete sich, nachdem er heimlich meinen *angeborenen* Geschmack für die Erde gespeist hatte, dadurch, daß er ausdrücklich mit diesem zusammenfloß, dank einem Spiel der *Universalisation,* deren zwei erste Phasen sich in meiner Erinnerung als «Materialisation» bald gefolgt von einer «Energifikation» des Begriffs der Liebe Gottes, beschreiben lassen.

Zuerst also die «Materialisation» der göttlichen Liebe.

Biologisch gesprochen, wie hätte das in meinem Fall auch anders sein können?

Gesäugt mit der Muttermilch, hatte sich ein «übernatürlicher» Sinn für das Göttliche neben dem «natürlichen» Sinn für die Fülle in mich ergossen. Da jeder der zwei Sinne den ganzen Platz einnehmen wollte und keiner der beiden den anderen zu ertöten vermochte, wäre ein anderer Ausgang des Konflikts denkbar gewesen als eine Assimilation des ersten (weniger primitiven, mehr äußeren, genetisch gesprochen) durch den zweiten? Und welche Form der Assimilation war möglich, wenn nicht die durch Anpassung des Göttlichen in mir an das Evolutive, – d. h. an dieses meiner Natur eigene psychologische Gesetz, nichts anbeten zu können als ausgehend vom Greifbaren und Widerständigen?

In dieser Richtung wurde mir der Weg durch die Tatsache erleichtert, daß «der Gott meiner Mutter» vor allem, für mich wie für sie, das *inkarnierte* Wort war. Einzig auf dessen Initiative, durch die Menschheit Jesu, wurde von Anfang an zwischen den beiden Hälften, der «christlichen» und der «heidnischen», meines tiefsten Seins ein erster Kontakt hergestellt. – Aber ein Kontakt, bei dem genau meine oben erwähnte Schwierigkeit wieder auftauchte, «die Konsistenz des Menschlichen» wahrzunehmen.

Seltsame und naive Reaktionen eines Kindergehirns! Aber gerade auf die Person Christi (ich erinnere mich genau, vgl. die Anmerkung[9]) fiel augenblicklich meine Enttäuschung über das Organische zurück, als ich zum erstenmal sah, wie sich eine Haarlocke erschreckenderweise unter meinen Augen (im Feuer) verzehrte... Um Christus *wirklich anbeten* zu können, war es notwendig, daß ich in einer ersten Zeit dahin gelangte, ihn zu «konsolidieren».

Und gerade an diesem Punkt in der Geschichte meines spirituellen Lebens (der Leser möge nicht lächeln) trat die entscheidende belebende Hauptrolle auf, bestehend in einer «Andacht», mit der mich meine Mutter unermüdlich nährte, ohne etwas von den Transformationen zu ahnen, die mein unersättliches Bedürfnis nach der kosmischen Organizität dieser abverlangte: [ich meine] die Andacht zum Herzen Jesu.

Historisch hat sich, wie jeder weiß, der Kult des «Sacré-Cœur» (oder der Liebe Christi), seit je in der Kirche latent, in Frankreich im großen [17.] Jahrhundert in einer erstaunlich lebendigen, aber gleichzeitig seltsam begrenzten Form ausgedrückt: sowohl in ihrem Objekt (die

«Sühne») wie auch in ihrem Symbol (das Herz des Erlösers in seinen befremdendsten anatomischen Umrissen).
Von dieser doppelten Sonderbarkeit lassen sich unglücklicherweise noch heute Spuren erkennen, sowohl in einer immer noch von der Idee der Sünde besessenen Liturgie wie auch in einer Ikonographie, über die man seufzen muß, ohne sich zu sehr zu irritieren. – Was jedoch mich betrifft, kann ich sagen, daß ihr Einfluß auf meine Frömmigkeit in keinem Augenblick den geringsten Reiz ausgeübt hat.
Für den Frommen des 17. Jahrhunderts war das «Sacré-Cœur» alles in allem «ein Teil» (zugleich «materiell» and «formell») Jesu, – ausgewählter und abgetrennter Teil des Erlöseres, – wie es geschieht, wenn wir *irgendein Detail* eines Gemäldes isolieren und vergrößern, um es besser bewundern zu können. – Für mich hingegen war der Anblick eines sich in der Brust des Erlösers abzeichnenden geheimnisvoll rotgoldenen Fleckens vom ersten Augenblick an das erwartete Mittel, endlich allem zu *entfliehen,* was mich so sehr an der komplizierten, gebrechlichen und individuellen Organisation des *Leibes* Christi verletzte. – Erstaunliche Befreiung! – Nicht durch ein Spiel der Abblendung, sondern aufgrund von Konvergenz und Konzentration sammelte sich vor meinen Augen die ganze physische und geistige Realität Christi in einem bestimmten und kompakten Objekt, wobei jede zufällige und einschränkende Besonderheit verschwand. Erste Annäherung an ein Christisches über Christus hinaus, und einzigartige Übereinstimmung zwischen diesem neuen «Milieu» und dem Metallischen oder dem Mineral, die gerade zu diesem Zeitpunkt in mir herrschten, –

auf der anderen Seite der Scheidewand, die noch durch meine Seele ging.

Es wäre für mich schwierig, verständlich zu machen, in welchen Tiefen, mit welcher Vehemenz und mit welcher Kontinuität (lange bevor sich in mir ausdrücklich der Begriff des «Universalen Christus» bildete) sich mein religiöses Leben vor dem Weltkrieg entwickelte, im Zeichen und in der höchsten Bewunderung des Herzens Jesu ... *so verstanden.* Je mehr ich in jener Epoche zu beten versuchte, um so mehr «materialisierte» sich für mich Gott tief in einer zugleich geistigen und greifbaren Realität, in der, ohne daß ich es schon geahnt hätte, sich die große Synthese herauszubilden begann, in welcher sich die Anstrengung meiner ganzen Existenz zusammenfassen sollte: die Synthese des Über-uns und des Vor-uns.

Eintauchen des Göttlichen in das Fleischliche.

Und durch eine unvermeidliche Reaktion, Transfiguration (oder Transmutation) des Fleischlichen in eine unglaubliche Energie der Strahlung ...

Im Verlauf einer ersten Phase hatte sich für meinen Blick der Christus meiner Mutter in gewisser Weise «desindividualisiert» in Form einer kaum figürlichen Substanz. In einer zweiten Phase jedoch entzündete sich und explodierte dann dieses «solide» Menschlich-Göttliche von innen her (wie vormals mein Stück Eisen und unter dem gleichen psychischen Druck). Im Zentrum Jesu stand nicht mehr der Purpurfleck, sondern ein brennendes Feuer, das in seinem Glanz alle Konturen verschwinden ließ, – zuerst die des Gottmenschen und dann die aller Dinge um ihn[18].

Ich war noch nicht «in der Theologie», und schon hatte das Göttliche durch das und unter dem Symbol des «Sacré-Cœur» für mich die Form, die Konsistenz und die Eigenschaften einer ENERGIE, eines FEUERS angenommen: d.h., fähig geworden, alles zu durchdringen, sich in was auch immer zu verwandeln, hat es sich von nun an in der Lage befunden, *in dem Maße, als es universalisierbar war,* in das kosmische Milieu einzudringen, um es zu amorisieren, dorthin also, wo ich, genau im selben Moment, mich anschickte, mich mittels einer anderen Hälfte meiner selbst einzurichten.

2. Der Universale Christus

Hier – in meinem «heidnischen» *Ego* – ein Universum, das sich durch Konvergenz personalisiert.
Dort – in meinem christlichen Ego – eine Person (diejenige Christi), die sich durch Strahlung universalisiert.
Das heißt, auf die eine wie die andere Weise verbindet sich das Göttliche durch alle Materie allem Menschlichen auf das Unendliche künftiger Zeiten hin...
In diesem Zusammenfließen des Himmels und der Welt auf komplementären Wegen haben im Laufe der Jahre die Fortschritte – und man muß wohl hinzufügen, die Konflikte – meines inneren Lebens nicht aufgehört, sich immer klarer und immer leidenschaftlicher auszudrükken.
Versuchen wir, die einen wie die anderen verständlich zu machen.

a) Die Konflikte

Im allgemeinen kann man sagen: Bis in die neueste Zeit und im Abendland hat die Mystik (selbst die christliche) nie daran gezweifelt, daß Gott ausschließlich «in den Himmeln» zu suchen sei, das heißt im mehr oder weniger direkten und tiefen Bruch mit dem «Hienieden».

Sich vergeistigen = sich entmaterialisieren.

Derart war (und derart *mußte* in einem statischen Kosmos sein) die fundamentale Gleichung der Heiligkeit.

Nun hat mich gerade die natürliche Bewegung meines Denkens, wie wir gesehen haben, seit jeher, – nicht in den Gegensatz, – sondern quer zu dieser traditionellen Ausrichtung gebracht. Die Materie Gebärmutter des Bewußtseins, und das Bewußtsein, aus der Materie geboren, stets in Bewegung um uns herum in Richtung auf irgendein Ultra-Menschliches. Anders ausgedrückt: eine zweite Gestalt des Geistes enthüllte sich, – nicht mehr direkt über unseren Köpfen, – sondern quer dazu und wie am Horizont... Durch die endgültige Koexistenz und die unüberwindliche Annäherung des kosmischen Sinnes und des christischen Sinnes in meinem Herzen war aus struktureller Notwendigkeit im tiefsten Grund meiner Seele[19] ein Kampf im Gang zwischen dem Gott über uns und einer Art neuem Gott vor uns.

Die ersten Spuren dieses Gegensatzes finde ich im Verlauf meiner Kollegsjahre in meiner rührenden Anstrengung, meinen Hang zur Natur dem (gewiß zu engen) Evangelismus der «Imitatio» [Christi], deren Text meine Morgengebete nährte, zu versöhnen. Später, «Juvenist» in Jersey, erwog ich ernsthaft die Möglichkeit eines totalen Verzichts auf die Wissenschaft der Steine, die damals meine Passion war, um mich ganz den sogenannten «übernatürlichen» Aktivitäten zu weihen. Wenn ich in jenem Augenblick nicht «entgleiste», so schulde ich es dem gesunden Menschenverstand des P.T. ...[20] (Novizenmeister). Tatsächlich beschränkte sich P.T. in diesem Fall darauf, mir zu bestätigen, daß der Gott des Kreuzes ebensosehr die «natürliche» Entfaltung meines Seins erwarte wie seine Heiligung, – ohne mir zu erklären wie noch warum. Doch dies genügte, um mir die beiden Enden des Fadens in den Händen zu lassen. Und für diesmal fühlte ich mich befreit. Nach und nach, unter der synthetischen Aktion der Erfahrung, vereinigten sich für mich Loslösung und Anhänglichkeit, Verzicht und Entfaltung von selbst zu einer Geste des *Hindurchgehens,* deren Theorie ich um 1927 im ersten Kapitel des «Milieu Divin» [Das göttliche Milieu] dargelegt habe.

Theorie aber ist noch nicht Praxis.

Und ich habe noch heute nicht zu erproben aufgehört, welchen Zufällen sich der aussetzt, der sich – durch inneres Gesetz und innere Notwendigkeit – dahin geführt sieht, den gut ausgebauten, aber von jetzt an menschlich defizienten Weg einer gewissen traditionellen Askese zu verlassen, um in Richtung Himmel einen Weg (nicht der Mitte, sondern der Synthese) zu suchen, auf dem die ganze Dynamik der Materie und des Fleisches in das Werden des Geistes einmündet[21].

Wenn sich jemand eines Tages in voller innerer Aufrichtigkeit entschlossen hat (wozu *jeder* nach Heiligkeit Strebende mehr und mehr verpflichtet ist), in der Tiefe seines Selbst das eine auf das andere frei wirken zu lassen, den aufsteigenden Glauben an Gott und den bewegenden Glauben an das Ultra-Menschliche, – wird er zuweilen erschreckt innehalten (ohne stehenbleiben zu können...) vor der Neuheit, der Kühnheit und gleichzeitig vor der paradoxen Möglichkeit der Haltungen, zu denen er sich intellektuell und gefühlsmäßig gezwungen sieht, wenn er

seiner grundlegenden Ausrichtung treu bleiben will: den Himmel zu erreichen durch Vollendung der Erde.
Die Materie christifizieren.
Das ganze Abenteuer meiner inneren Existenz... Ein großes und herrliches Abenteuer, – in dessen Verlauf ich oft weiterhin Angst empfinde, – doch es war mir unmöglich, es nicht zu wagen: so mächtig war die Kraft, mit der sich über mir die Schichten des Universalen und des Personalen zu einem einzigen Gewölbe annäherten und allmählich zusammenschlossen.

b) Die Fortschritte

Christus. Sein Herz. Ein Feuer: fähig, alles zu durchdringen, – und das sich nach und nach überall ausbreitete...
An den Beginn dieses Eindringens und dieses Vordringens glaube ich die rasch wachsende Bedeutung stellen zu können, die in meinem geistlichen Leben der Sinn für den «Willen Gottes» einnahm. Treue zum göttlichen Wollen, d.h. zu einer *gelenkten und gestalthaften* Allgegenwart, aktiv und passiv greifbar in jedem Element und jedem Ereignis der Welt. Ohne daß ich mir am Anfang deutlich Rechenschaft gab über die durch diese hervorragende christliche Eigenschaft geschlagene Brücke zwischen meiner Liebe zu Jesus und meiner Liebe zu den Dingen, habe ich seit den ersten Jahren meines Ordenslebens nie mehr aufgehört, mich mit Vorliebe diesem aktiven Gefühl der Vereinigung mit Gott durch das Universum zu überlassen. Und es ist ein entscheidender Durchbruch dieser «panchristischen Mystik», die in den beiden großen Eingebungen Asiens und des Weltkrieges vollends zur Reife kam, was 1924 und 1927 «Die Messe über

die Welt» [siehe Anhang] und «Das göttliche Milieu» [Olten 1962] widerspiegeln.
Entscheidender Durchbruch, ich wiederhole es, – den ich damals für abgeschlossen halten konnte; aber ihm fehlte in Wirklichkeit etwas zur Fülle seiner Lebendigkeit.
Und zwar folgendes.
Wenn ich heute diese so rein glühenden Seiten des «Göttlichen Milieus» wieder lese, bin ich überrascht festzustellen, wie sehr seit jener Zeit alle wesentlichen Züge meiner christo-kosmischen Schau schon feststanden. Andererseits aber bin ich überrascht zu beobachten, bis zu welchem Punkt das Bild meines Universums damals noch unklar und verschwommen war.
Um die All-Einigung, deren Gefühl mich damals zugleich fesselte und berauschte, zu fundieren, stand mir zweifelsohne bereits eine Welt mit organisch verwobenen Elementen und organisch verbundenen Schichten zur Verfügung. Aber diese einhüllende Organizität, spezifische Grundlage der christischen Diaphanie [Durchstrahlen], existierte für meinen Geist und meine Augen noch in einem sozusagen diffusen Zustand. Zu diesem Zeitpunkt (ungefähr um 1930) war mir die kosmische Konvergenz mit all ihren Folgen (Gesetz von Komplexität/Bewußtsein, Zusammenkommen der Menschheitszweige, Existenz eines Punktes Omega an der Spitze der Noogenese...), – all das war mir noch nicht deutlich aufgegangen. Eine immense Pluralität, deren «Nebel» unter den Strahlen des göttlichen Gestirns zu leuchten begannen, ohne daß sie sich konzentrierten: meine damalige «Weltanschauung» ging nicht viel weiter als das.
Das Werk und die fortgesetzte Freude der folgenden zwanzig Jahre bestanden im Sehen, wie sich, – Schritt für

Schritt und gleichmäßig –, um mich herum das eine durch das andere verstärkte: die christische Dichte und die kosmische Dichte einer Welt, deren «einigende Macht» in meinen Augen unaufhörlich mit der «konvergierenden Macht» zunahm.

Um Christus in allen Dingen «hervorzubringen und zu erleiden», verstand ich anfänglich nur, das *Detail* der Ereignisse und der Dinge um mich herum zu nutzen. Nach und nach, in dem Maße, als sich mein Geist mit der Realität einer einzigen großen psychogenen Einrollung aller Materie in sich selbst befreunden sollte, war es jeder neu wahrgenommene Kreis dieser gewaltigen Spirale, der den göttlichen Zugriff zunehmend materialisierte und etwas greifbarer um mich herum zusammenzog.

Nicht mehr metaphysisch, sondern *physisch* gesprochen, sollte die Energie der Inkarnation in immer umgreifendere und gewaltigere Umfassungsformen fließen, um sie zu erleuchten und zu erwärmen.

Bis zu dem Augenblick, wo sich am oberen Ende der laufenden Bewegung eine wunderbare Konjunktion erahnen ließ, – nicht mehr einfach und undeutlich zwischen Christus und Materie, – sondern zwischen einem klar als «Evolutor» wahrgenommenen Christus und einem ausdrücklich der Evolution zugehörigen kosmischen Herd.

Das Herz des universalisierten Christus fällt zusammen mit dem Herzen der amorisierten Materie.

3. Das göttliche Milieu

Aufgrund der besonderen Struktur meines zugleich auf den Himmel und auf die Erde polarisierten Geistes droh-

ten, wie wir gesehen haben, zwei gefährliche Tendenzen den Lauf meiner Entwicklung vom Wege abzubringen. – Entweder der orientalischen und heidnischen Linie folgend mein Sein sich entspannen und sich in der universellen Sphäre auflösen lassen. Oder im Gegenteil, außerhalb dieser durch Losreißen und Bruch versuchen, mich abzusondern. – Regressive Materialisation oder entmenschlichende Vergeistigung. Wenn ich, Gott sei Dank, zwischen dieser Scylla und Charybdis habe hindurchkommen können, dann dadurch, daß ich eines Tages feststellte: in einer *zuvor als im Wesen konvergent erkannten Welt* stand in Richtung Einheit ein dritter Weg offen, – der gute! – nämlich im Herzen der kosmischen Sphäre den geheimnisvollen Doppelpunkt erreichen, wo das Viele, gänzlich zu sich selbst gekommen, innerlich kraft Selbstreflexion in einem Transzendenten auftaucht.
Wahrhaftig eine einmalige und erstaunliche Region, wo sich durch das Zusammentreffen des Kosmischen, des Menschlichen und des Christischen ein neues Gebiet entdecken läßt, das *Zentrische,* in dem die zahlreichen Gegensätze, die das Unglück oder die Ängste unserer Existenz ausmachen, allmählich verschwinden.
Unter dem unwiderstehlichen Druck eines Planeten, der sich zusammenzieht, spüren wir alle Tage in uns und um uns herum den zunehmenden Gegensatz zwischen den «tangentialen» Kräften, die uns einander unterwerfen, und den «radialen» Strebungen, die uns drängen, den nicht mitteilbaren Grund unserer Person zu erreichen. – Widerstand gegenüber einer unvermeidlichen Totalisierung, die uns in eine Art «zweiter Materie» aus angesammelten Determinismen einzuwickeln droht. Schrecken vor einem Ende durch Mechanisierung, ebenso furchtbar

wie ein Tod durch Auflösung und Rückkehr zur «ersten Materie»...
Es ist wie ein Traum: wir haben den Eindruck, in den Bahnen eines Teufelskreises gefangen zu sein.
Aber gerade aus diesem Alptraum wecken uns die ersten Strahlen eines universellen Zentrums der Konvergenz und der Anziehung, wo die Bindungen, die uns solidarisieren, an der oberen Grenze ihrer Komplexität das Bestreben haben, sich der Anziehung, die unser *Ich* nach vorne reißt, zu verbinden. Wunderbare spezifische Wirkung des Zentrischen, das die Elemente, welche es sammelt, weder auflöst noch unterjocht, – sondern sie personalisiert: gerade weil seine Art des Aufnehmens darin besteht, zunehmend zu «zentrieren». – In diesen hohen Breiten des Universums kann man wahrlich sagen, daß durch synthetische Reduktion des Vielen zum Einen die Totalisation befreit: das heißt, daß die Materie Geist wird, – in eben dem Maße, mit dem die Liebe anfängt, sich überall auszubreiten.
Ohne Zweifel, vom ersten Augenblick an, da sich vor meinem inneren Auge das «Gold des Geistes», dem «Purpur der Materie» folgend, daranmachte, sich der «Glut des Jemand» zuzuwenden, hatte die Welt, durchaus zu Recht, für mein Herz zu brennen begonnen. Durch das bloße Erscheinen des Personalen auf dem Gipfel der Evolution wurde das Universum für mich *der Möglichkeit nach* liebenswert und liebend. Aber es brauchte nichts weniger als das Zusammentreffen Christi mit dem Punkt Omega, damit sich in einem Aufsprühen von Funken vor meinen Augen das außergewöhnliche Phänomen einer allgemeinen Entflammung der Welt ereignete – durch *totale Amorisation.*

Die Liebe... Seit jeher hat diese seltsame Kraft durch ihre Allgegenwart, ihre Gluten und durch das unzählbare Spektrum ihrer Formen die Meister des menschlichen Denkens in ihren Bann gezogen und fasziniert. Doch jetzt stelle ich fest, daß sie erst im christozentrischen Bereich eines Universums in Noogenese, indem sie ihren Reinzustand herausbildet, ihre erstaunliche Macht zeigt, *alles zu transformieren* und *alles zu ersetzen.*

Vom Gesichtspunkt der konvergenten Evolution her, wohin mich sechzig Jahre der Erfahrungen und Reflexion geführt und gestellt haben, läßt sich das ganze kosmische Ereignis im wesentlichen auf einen einzigen und großen Prozeß des Anordnens zurückführen, dessen Mechanismus (Gebrauch der Wirkung der großen Zahl und des Spiels des Zufalls) in jedem Moment mit statistischer Notwendigkeit eine gewisse Menge von Leiden (Versagen, Zerfall, Tod...) auslöst. Genau das sind *die zwei Seiten* (die *konstruktive* und die *destruktive*) dieses Vorganges, den, durch das Hinzutreten Christi zum Punkt Omega, eine Flut einigender Kraft durchdringt und erfaßt. Auf einen Schlag personalisiert, nimmt die Kosmogenese zugleich in ihren Entwicklungen, die *uns für Christus zentrieren,* als auch in ihren Minderungen, die *uns auf Christus hin exzentrieren,* bis in ihre unerbittlichsten und dunkelsten Zwänge hinein die Gestalt von unzählbaren Kontakten mit einem höchsten Pol der Anziehung und der Erfüllung an. Plötzlich freigesetzt, breitet sich ein Strom von Liebe in der ganzen Oberfläche und Tiefe der Welt aus. Und das nicht nur nach Art irgendeiner zusätzlichen Wärme oder eines zusätzlichen Parfüms, – sondern einer Grundessenz, dazu bestimmt, alles zu verwandeln, alles zu assimilieren, alles zu ersetzen...

Seit langem hat uns die Wissenschaft an die Idee gewöhnt, daß alle physische Energie, wenn man ihr evolutiv «nach unten» folgt, dahin tendiert, im Schoße einer erschlafften und devitalisierten Welt sich in Wärme zu degradieren. Ist es jedoch nicht sehr beachtenswert, daß die integrierende Energetik des Universums zu einer genau symmetrischen und komplementären Konzeption führt? Bis zum Extrem in Richtung eines kosmischen Pols der Einigung getrieben, wird jede Leidenschaft (und selbst jede Vision) eine einmalige «Neigung» zeigen, in Liebe *sich umzuformen*. Das heißt: Nachdem sie in ihren Anfängen nichts anderes als der Charme und die Anziehung, dann die wirkende Essenz aller geistigen Tätigkeit zu sein schien, tendiert die Liebe in unserer Erfahrung stufenweise dahin, von alldem die Hauptsache zu werden – und zuletzt *die* einzige und höchste Form.
Sola caritas... [Allein die Liebe]
Erhoben bis zur Entdeckung des Universums als etwas Aufsprühendem, in dem jede Forschungsanstrengung, jeder Schöpferwille, jede Leidensbereitschaft nach vorne zu einem leuchtenden Strahl konvergiert: das ist schlußendlich der erklommene Gipfel, von dem aus ich am Ende meines Lebens mehr und mehr fortfahre, die Zukunft zu erforschen, um dort besser Gott aufsteigen zu sehen.

4. Auf der Suche nach Gott oder: Ein Appell an den, der kommt

Ganz gefangengenommen von der Freude zu sehen, wie sich alle Dinge um mich herum zugleich zentrieren, konsolidieren und amorisieren, habe ich lange Zeit in dem großartigen Phänomen der Christifikation, das mir die Konjunktion von Welt und Gott enthüllte, nur auf das Ansteigen der Kräfte der Vereinigung in mir geachtet. Alles für die Intensivierung des kosmischen Stoffes, damit sich in diesem für mich die göttliche Gegenwart intensiviere. – In diese noch recht egozentrische und verschlossene Periode meines inneren Lebens gehören ganz klar die Inspiration und die Redaktion von «Die Messe über die Welt» und «Das göttliche Milieu».

Das liegt daran, daß ich unter dem Einfluß jener seltsamen Hemmungen, die uns so oft daran hindern, das zu erkennen, was wir vor Augen haben, mir keine Rechenschaft darüber gab, daß unausweichlich in dem Maße, als Gott die Welt von den Tiefen der Materie bis zu den Höhen des Geistes «umformte», die Welt im Gegenzug Gott «einformen» mußte. Gerade durch das einigende Wirken, das ihn uns enthüllt, «verwandelt sich» Gott auf irgendeine Weise, indem er uns sich einverleibt. – Also Ihn nicht einfach nur sehen und sich von Ihm umfangen und durchdringen lassen, – sondern ebenso (wenn nicht in erster Linie) Ihn immer noch weiter entdecken (oder sogar in einem gewissen Sinne Ihn «vollenden»): So erscheinen mir heute die wesentliche Bewegung und das wesentliche Interesse der hominisierten Evolution.

Durch die Begegnung seiner Anziehung mit unserem Denken ist Gott um uns herum und in uns dabei, sich zu «verändern». Durch den Aufstieg der «Quantität kosmischer Einigung» werden sein Glanz, seine Farbe reicher. So sind das große Ereignis, die große Neuigkeit endlich erkannt, formuliert...

Um die rätselhafte Kraft zu qualifizieren, die mich seit meiner Kindheit in offensichtlichem Gegensatz zum

«Übernatürlichen» in Richtung eines gewissen «Ultra-Menschlichen» herausforderte, hatte ich mich daran gewöhnt, sie als Ausfluß nicht eines Gottes, sondern irgendeines rivalisierenden Gestirns zu betrachten, das nur in Übereinstimmung und Abhängigkeit bezüglich Gott gebracht werden mußte.

Und nun ging mir eines auf, nämlich: Sowohl aus den Tiefen der kosmischen Zukunft als auch aus den Höhen des Himmels sprach mich immer noch Gott, *immer derselbe Gott,* an. *Ein Gott vor uns* erschien plötzlich quer zum *traditionellen Gott über uns*... derart, daß wir ihn künftig nie mehr voll anbeten könnten, es sei denn, wir legten die beiden Bilder zu *einem einzigen* übereinander.

Ein neuer Glaube, in dem sich der zu einem Transzendenten aufsteigende Glaube mit dem zu einem Immanenten vorwärtsdrängenden Glauben verbindet; – eine neue Liebe, in der sich in einem Prozeß der Vergöttlichung alle bewegenden Leidenschaften der Erde verbinden; – das ist es, ich sehe es jetzt und für immer, was die Welt in diesem Augenblick sehnlichst erwartet, soll sie nicht zugrunde gehen.

Die klassische Metaphysik hatte uns daran gewöhnt, in der Welt als dem Objekt der «Schöpfung» eine Art äußerliches Produkt zu sehen, das durch überströmendes Wohlwollen aus der höchsten *Wirkkraft* Gottes hervorgegangen sei. Unaufhaltsam, – und zwar gerade um zugleich voll handeln und voll lieben zu können –, bin ich nun aber dahin gelangt, darin (entsprechend dem Geist des hl. Paulus) ein geheimnisvolles Ergebnis der Erfüllung und Vollendung für das absolute Sein selbst zu sehen[22]. Nicht mehr *das teilhabende Sein der Extraposition und Divergenz,* sondern *das teilhabende Sein der Pleromi-*

sation und Konvergenz. Ergebnis nicht mehr der Kausalität, sondern der Einigung, der schöpferischen!
Und zugleich ist es in meinen Augen Christus, der, nachdem er sich «kosmisiert» hat, sich in gewisser Weise «absolutisiert»!
Eine von den Heiden gegenüber den Christen immer häufiger vorgebrachte Kritik lautet: Durch die Tatsache, daß Jesus zwischen die Menschen und Gott gestellt wird, findet sich die Idee Gottes blockiert und für uns in ihren Entwicklungen wie geschmälert. Daraus folgt, daß das Christentum für uns moderne Menschen das Bedürfnis, anzubeten, nicht mehr nährte, sondern im Gegenteil lähmte! – Wie oft habe ich selbst beinahe dasselbe gedacht; – und wie oft hat man es mir tatsächlich gesagt!
Ein Christus, der Gott verkleinert... Möge sich dieser tödliche Verdacht doch schnell und für immer verflüchtigen, von dem Augenblick an, da man, sensibilisiert für die moderne Mystik, gewahr wird, daß aufgrund genau der Eigenschaften, die ihn zunächst zu sehr zu partikularisieren scheinen, *ein historisch inkarnierter Gott* im Gegenteil der einzige ist, der nicht nur den unbeugsamen Regeln des Universums, wo nichts entsteht und erscheint als *auf dem Weg der Geburt,* sondern auch den ununterdrückbaren Neigungen unseres Geistes genügen kann!
Denn schlußendlich:
«Gott über uns» + «Gott vor uns».
Was bringt diese neue grundlegende Gleichung jeder zukünftigen Religion anderes als einen Begriff von «theokosmischen», das heißt *christischen* Dimensionen?
Zwangsweise ist es unter der Herrschaft der schöpferischen Einigung nicht nur das Universum, sondern Gott selbst, der sich in Omega, an den Grenzen der Kosmo-

genese, «christifiziert». – Anders gesagt, der «entwickelte» Monotheismus, um den sich die besten religiösen Energien der Erde zu konzentrieren scheinen, wird sich logischer- und biologischerweise in Richtung eines gewissen Pan-Christismus vollenden.
Nicht nur dehnbar und grenzenlos anpassungsfähig an die neuen Dimensionen der Welt, sondern für unsere Herzen unausschöpfbar mit Entwicklungsenergien geladen, so wächst an unserem Himmel nach dem Maß und Verlangen des *Ultra-Menschlichen* wahrhaft ein *Super-Christus,* ganz strahlend von *Super-Liebe.*

Gebet zum immer größeren Christus

«Herr, da ich nie aufgehört habe, mit meinem ganzen Instinkt und durch alle Chancen meines Lebens Dich zu suchen und Dich im Herzen der universellen Materie zu sehen, werde ich die Freude haben, geblendet durch eine universelle Transparenz und ein universelles Aufstrahlen, die Augen zu schließen.
Wie wenn die Annäherung und Kontaktnahme der beiden faßbaren und unfaßbaren, äußeren und inneren Pole der Welt, die uns mitnimmt, alles entflammt und alles entfesselt hätten...
In der Gestalt eines ‹ganz Kleinen› in den Armen seiner Mutter, – gemäß dem großen Gesetz der Geburt –, hast Du in meiner Kinderseele Fuß gefaßt, – Jesus. Und sieh, indem ich in mir den Kreis Deines Wachstums durch die Kirche hindurch wiederholte und ausweitete, – hat sich Deine palästinensische Menschheit allmählich nach allen Seiten ausgebreitet wie ein vielfältig leuchtender Strah-

lenkranz, in dem Deine Gegenwart jedwelche andere Gegenwart um mich herum durchdrang, ohne etwas zu zerstören, indem sie diese überbeseelte...

All dies, weil Du in einem Universum, das sich mir im Zustand der Konvergenz enthüllte, mit dem Rechtsanspruch der Auferstehung den Hauptplatz im totalen Zentrum, in dem sich alles versammelt, eingenommen hast!

Fantastischer Korpuskelschwarm, – entweder wie Schnee aus den Tiefen des unendlich Diffusen fallend, – oder im Gegenteil aufsteigend wie der Rauch der Explosion eines unendlich Einfachen –, ja, erstaunliche Vielheit, die uns in ihrem Wirbel durchwühlt!... Mit dieser verblüffend körnigen Energie hast Du Dich (damit ich Dich besser berühren kann, – oder besser, – wer weiß?, um mich besser umarmen zu können) vor meinen Augen bekleidet, Herr; oder vielmehr: Du hast daraus Deinen Leib gemacht. Und lange Zeit habe ich darin nur einen wunderbaren Kontakt mit einer schon ganz vollendeten Vollkommenheit gesehen...

Bis zu dem Tag, ganz kürzlich, an dem Du mich hast einsehen lassen, daß Du Dich durch Deine Verbindung mit der Materie nicht nur mit ihrer Unermeßlichkeit und Organizität bekleidet hast, sondern daß es ihr unergründlicher Vorrat an geistigen Kräften ist, den Du absorbiert, zusammengezogen und monopolisiert hast...

So sehr, daß Du seither in meinen Augen und in meinem Herzen weit mehr noch als Der, der war und ist, *Der, der sein wird*, geworden bist...

Für eine gewisse Zahl Deiner Diener, Herr, ist die Welt, unsere Neue Welt, – die der Atomkerne, der Atome und der Gene –, zur Quelle dauernder Angst geworden, – weil sie uns jetzt als so erregend, so unwiderstehlich und so groß erscheint! Diese wachsende Wahrscheinlichkeit (vor der wir uns verschworen haben, die Augen zu verschließen) anderer denkender Planeten am Firmament... Dieser offensichtliche Neuaufbruch einer Evolution, die durch planetarische Anstrengung fähig geworden ist, sich selbst zu lenken und zu beschleunigen. Dieses Aufsteigen eines Ultra-Menschlichen am Horizont durch die Wirkung von Ultra-Reflexion... All das scheint erschreckend für den, der noch zögert, sich in die großen Wasser der Materie zu stürzen, und der fürchtet, seinen Gott zerplatzen zu sehen, wenn er eine Dimension mehr gewinnt...

Aber für mein Verständnis und meine Seele könnte nichts Dich liebenswerter machen, allein liebenswert, Herr, als meine Wahrnehmung, daß Du, im Tiefsten Deiner selbst immer *offenes* Zentrum, fortfährst, Dich zu intensivieren, – Dein Aussehen wird deutlicher –, in dem Maße, als, das Universum immer mehr im Herzen Deiner selbst sammelnd und unterwerfend («bis zu dem Augenblick, da Du und die Welt in Dir in den Schoß dessen zurückkehren, von dem ihr ausgegangen seid»), *Du Dich erfüllst.*

Je mehr die Jahre vorübergehen, Herr, um so mehr glaube ich zu erkennen, daß in mir und um mich herum die große und heimliche Sorge des modernen Menschen weniger darin besteht, sich den Besitz der Erde streitig zu machen, als vielmehr einen Ausweg aus ihr zu finden: Die Angst, sich in der kosmischen Blase nicht so sehr räumlich als ontologisch eingeschlossen zu fühlen! Das ängstliche Suchen nach einem Ausweg oder, genauer, nach einem Sammelpunkt in der Evolution! Das ist, als Preis für ein planetarisches Denken, das sich verdichtet,

die Not, die insgeheim auf den Seelen von Christen genauso wie von Heiden in der heutigen Welt lastet.
Vor sich und über sich hat die Menschheit, die zum Bewußtsein der Bewegung, welche sie fortreißt, erwacht ist, mehr und mehr das Bedürfnis nach einem Sinn und einer Erklärung, denen sich voll zu widmen ihr endlich möglich ist.
Nun, dieser Gott, nicht mehr nur des alten Kosmos, sondern der neuen Kosmogenese (in eben dem Maße, in dem das Ergebnis einer zweitausendjährigen mystischen Anstrengung es ermöglicht, in Dir, unter der Gestalt des Kindes von Bethlehem und des Gekreuzigten, das Antriebsprinzip und den Sammelpunkt der Welt selbst aufscheinen zu lassen), – dieser von unserer Generation so sehr erwartete Gott, bist nicht gerade Du es, der ihn darstellt und uns bringt – Jesus?
Herr der Konsistenz und der Einigung, Du, dessen *Erkennungszeichen* und *Wesen* darin bestehen, ohne Deformation und Bruch endlos wachsen zu können, nach dem Maß der geheimnisvollen Materie, deren Herz Du einnimmst und deren Bewegungen Du letztlich alle kontrollierst, – Herr meiner Kindheit und Herr meines Endes, – Gott, für sich vollendet und dennoch für uns im Geborenwerden niemals zu Ende, – Gott, der Du, um Dich unserer Anbetung als ‹Evolutor und evolutiv› darstellen zu können, von nun an der einzige bist, der uns genügen kann, – vertreibe endlich alle Wolken, die dich noch verbergen, – ebenso die der feindlichen Vorurteile wie die des falschen Glaubens!
Und daß durch Diaphanie und Entflammung zugleich Deine universelle Gegenwart aufstrahle.
O immer größerer Christus!»

Schluß

Das Weibliche oder das Einigende[23]

Das Lebendigste des Greifbaren ist das Fleisch. Und für den Mann ist das Fleisch die Frau.

Seit der Kindheit auf der Suche nach dem Herzen der Materie, war es unvermeidlich, daß ich mich eines Tages dem Weiblichen von Angesicht zu Angesicht gegenüber fand. – Das Merkwürdige ist nur, daß in diesem Fall die Begegnung mein dreißigstes Lebensjahr abgewartet hat, um sich zu ereignen. – So groß war für mich die Faszination durch das Unpersönliche und das Allgemeine…

Eine seltsame Verspätung also.

Aber eine fruchtbare Verspätung, denn da die neue Energie meine Seele genau in dem Augenblick durchdrang, als am Vorabend des Krieges der kosmische Sinn und der menschliche Sinn eben im Begriffe waren, in mir das kindliche Stadium zu verlassen, lief sie nicht mehr Gefahr, meine Kräfte abzulenken oder zu verzetteln, sondern traf gerade rechtzeitig auf eine Welt geistiger Aufbrüche, deren Dimensionen, noch ein wenig kalt, nur auf sie warteten, um zu gedeihen und sich bis zu Ende zu organisieren.

Der Geschichte meiner inneren Schau, wie diese Seiten sie wiedergeben, würde deshalb ein wesentliches Element (eine Atmosphäre…) fehlen, erwähnte ich nicht zum Schluß, daß von dem kritischen Augenblick an, da ich, viele der alten familiären und religiösen Formen ablegend, begann, zu mir selbst zu erwachen und mich wirklich selbst auszudrücken, sich nichts mehr in mir entfaltete, es sei denn unter dem Blick und unter dem Einfluß einer Frau.

Man wird hier von mir natürlich nichts anderes erwarten als die allgemeine, gleichsam anbetende Huldigung, die aus den Tiefen meines Seins denen gegenüber aufsteigt, deren Wärme und Charme Tropfen für Tropfen in das Blut meiner liebsten Ideen eingegangen sind...

Aber wenn ich in dieser Sache auch nichts weiter zu präzisieren noch zu beschreiben wüßte, – was ich statt dessen bestätigen kann, ist eine doppelte Überzeugung, die in mir allmählich im Kontakt mit den Tatsachen geboren wurde und von der ich – mit dieser vollen Aufrichtigkeit und Unparteilichkeit, die mit dem Alter kommen – Zeugnis ablegen möchte.

Erstens, es scheint mir undiskutabel (rechtlich ebenso wie faktisch), daß es beim Mann – selbst wenn er sich noch so sehr dem Dienst einer Sache oder eines Gottes geweiht hat – keinen anderen Zugang zur geistigen Reife und Fülle gibt als durch einen gewissen «gefühlsmäßigen» Einfluß, der bei ihm die Intelligenz sensibilisiert und, wenigstens anfänglich, die Kräfte des Liebens weckt. Nicht *mehr* als auf Licht, Sauerstoff oder Vitamine kann der Mann – kein Mann – (mit einer täglich dringlicher werdenden Evidenz) auf das Weibliche verzichten. – Zweitens, so erstrangig und strukturell im menschlichen Psychismus die erfüllende Begegnung der Geschlechter auch sein mag, nichts beweist (sehr im Gegenteil!), daß wir bereits eine genaue Idee vom Funktionieren und von den besten Formen dieser fundamentalen Komplementarität hätten.

Zwischen einer Ehe, die gesellschaftlich immer auf die Fortpflanzung polarisiert ist, und einer religiösen Vollkommenheit, die theologisch immer in Begriffen der Trennung präsentiert wird, fehlt uns entschieden ein dritter Weg (ich sage nicht ein *mittlerer,* sondern ein *höherer*): ein Weg, *erfordert* durch die in unserem Denken zuletzt erfolgte Veränderung infolge der Sinnverschiebung des Begriffes «Geist»: Geist, haben wir gesehen, nicht mehr der Entmaterialisierung, sondern der Synthese. *Materia matrix* [mütterliche Materie]. Nicht mehr Flucht (durch Trennung), sondern Eroberung (durch Sublimierung) der unergründlichen, noch schlafenden geistigen Kräfte durch die wechselseitige Anziehung der Geschlechter: das sind, davon bin ich mehr und mehr überzeugt, das heimliche Wesen und die großartige kommende Aufgabe der Keuschheit[24].

Die eine wie die andere Feststellung finden ihre Rechtfertigung und ihren Platz in der folgenden Perspektive.

Ich habe in meiner oben gegebenen Interpretation der Noogenese vor allem auf das Phänomen der individuellen Über-Zentrierung hingewiesen, die das korpuskulare Bewußtsein dahin führt, sich zusammenzufalten und auf sich in Form des Denkens zurückzukommen. Nun aber enthüllt sich dem, der zu sehen weiß, an diesem großen kosmischen Ereignis der Reflexion eine wesentliche Ergänzung in der Form, die man «den Schritt der Amorisation» nennen könnte. Selbst nach dem Aufleuchten des plötzlich sich selbst offenbar gewordenen Individuums bliebe der elementare Mensch unvollendet, wenn er sich nicht durch die Begegnung mit dem anderen Geschlecht zur zentrierten Anziehung von Person zu Person entflammen ließe.

Das Auftreten einer *reflexiven Monade* wird vollendet durch die Bildung einer *affektiven Dyade.*

Und erst *danach* (das heißt von diesem ersten Funken an) die ganze Folge, die wir beschrieben haben: nämlich die schrittweise und grandiose Ausbildung eines Neo-Kosmischen, eines Ultra-Menschlichen und eines Pan-Christischen...

Alle drei nicht nur radikal erleuchtet von Intelligenz, sondern auch in ihrer ganzen Masse imprägniert,

Wie durch ein einigendes Bindemittel,

Von dem Universell-Weiblichen.

Paris, 30. Oktober 1950

Anhang

Um die vorausgehenden Seiten zu dokumentieren, halte ich es für interessant, hier zwei Texte wiederzugeben, die besonders repräsentativ sind für meinen Geisteszustand in jenem Augenblick (in der Periode des Krieges), da meine innere Vision endgültig erwachte.

Der erste dieser Texte (geschrieben am Vorabend des Angriffs auf Douaumont im Oktober 1916) ist ein Fragment aus den «Drei Geschichten nach Benson»[25].

Der zweite, der hier in seiner ganzen Integrität wiedergegeben wird, datiert vom Sommer 1919 (geschrieben in Jersey)[26].

Beide geben den berauschenden Eindruck, den ich in jener Zeit im Kontakt mit der Materie empfand, besser wieder, als ich es heute tun könnte.

I. Christus in der Materie

Drei Geschichten nach Benson[27]

Mein Freund[28] ist gestorben, jener, der von allem Leben wie von einer heiligen Quelle trank. Sein Herz verbrannte ihn von innen her. Sein Leib ist in der Erde verschwunden, vor Verdun. – Ich kann jetzt einige seiner Worte wiederholen, durch die er mich eines Abends in die kraftvolle Schau einführte, die sein Leben erleuchtete und befriedete.
«Sie wollen wissen», sagte er mir, «wie das machtvolle und vielfältige Universum für mich die Gestalt Christi angenommen hat? Das ist nach und nach geschehen; und derart erneuernde Intuitionen wie diese lassen sich nur schwer durch die Sprache analysieren. Ich kann Ihnen jedoch einige der Erfahrungen erzählen, durch die es in dieser Frage in meiner Seele licht geworden ist, als ob sich ruckweise ein Vorhang gehoben hätte...»

1. Das Bild

«...In jenem Augenblick», begann er, «war mein Geist mit einer halb philosophischen, halb ästhetischen Frage beschäftigt. Nehmen wir an, so dachte ich, Christus ließe sich herab, hier, vor mir, leiblich zu erscheinen, wie würde Er dann aussehen? Welches Gewand würde Er tragen? Und vor allem, auf welche Weise würde Er Sich sinnlich faßbar in die Materie einfügen, und auf welche Weise würde Er Sich gegen die Ihn umgebenden Gegenstände absetzen?... Und etwas bekümmerte und schockierte mich verworren bei dem Gedanken, daß der Leib Christi sich in dem Dekor der Welt neben die Menge der niederen Körper stellen könne, ohne daß letztere durch irgendeine wahrnehmbare Verwandlung die Kraft verspürten und erkennten, die sie streifte.

Doch mein Blick war wie von selbst bei einem Bild stehengeblieben, das Christus darstellte mit Seinem den Menschen angebotenen Herzen. Dieses Bild hing vor mir an den Mauern der Kirche, in die ich eingetreten war, um zu beten. – Und da ich den Faden meines Gedankens weiterspann, wußte ich nicht, wie es einem Künstler möglich sein könnte, die heilige Menschheit Jesu darzustellen, ohne ihr diese allzu genaue Bestimmtheit Seines Leibes zu lassen, die Ihn von allen anderen Menschen zu isolieren scheint, ohne Ihm diesen allzu individuellen Ausdruck Seiner Gestalt zu geben, die, wenn man auch annimmt, daß sie schön war, es auf eine ganz besondere Weise war, die alle anderen Schönheiten ausschließt...

Ich befragte mich also wißbegierig über diese Dinge und ich betrachtete das Bild, als die Schau begann. (Genaugenommen vermag ich nicht festzustellen, wann sie begann; denn sie hatte bereits eine gewisse Intensität, als ich mir ihrer bewußt wurde...)

Jedenfalls steht fest, daß ich, als ich meinen Blick über die Konturen des Bildes laufen ließ, plötzlich bemerkte, *daß sie zerschmolzen:* sie zerschmolzen, aber in einer besonderen Art und Weise, die schwierig auszusagen ist.

Wenn ich versuchte, den Umriß der Person Christi zu sehen, erschien Er mir deutlich umgrenzt. Und dann, wenn ich mein Bemühen zu sehen sich entspannen ließ, ging der Lichtschein Christi, die Falte Seines Gewandes, das Strahlen Seiner Haare, die Blume Seines Fleisches sozusagen (wenn auch ohne zu entschwinden) in alles übrige ein...

Man hätte sagen mögen, die trennende Oberfläche zwischen Christus und der umgebenden Welt verwandle sich in eine vibrierende Schicht, in der alle Grenzen verschmolzen.

– Mir scheint, die Transformation berührte zunächst nur einen Punkt am Rande des Porträts; und von da an sei sie weiter vorangegangen, indem sie die ganze Länge der Kontur erfaßte. Zumindest ist es mir in dieser Reihenfolge bewußt geworden. Und von diesem Augenblick an breitete sich übrigens die Metamorphose rasch aus und erreichte alle Dinge.

Zunächst bemerkte ich, daß die vibrierende Atmosphäre, die Christus wie ein Lichtschein umgab, nicht auf eine kleine Schicht um Ihn herum begrenzt war, sondern bis ins Unendliche ausstrahlte. Von Zeit zu Zeit zog etwas wie phosphoreszierende Streifen dahin, die ein fortwährendes Aussprühen bis in die äußersten Sphären der Materie verrieten – sie zeichneten eine Art von Adergeflecht oder Nervennetz, das sich durch alles Leben zog.

Das ganze Universum vibrierte! Und doch, wenn ich versuchte, die Gegenstände einen nach dem anderen zu betrachten, fand ich sie immer ebenso deutlich in ihrer gewahrten Individualität gezeichnet.

Diese ganze Bewegung schien von Christus auszugehen, vor allem von Seinem Herzen. – Während ich versuchte, zu der Quelle der Ausstrahlung emporzusteigen und ihren Rhythmus zu erfassen, und meine Aufmerksamkeit zu dem Porträt selbst zurückkehrte, sah ich die Schau rasch ihrem Paroxysmus zustreben.

...Ich bemerke, daß ich vergessen habe, Ihnen von den Kleidern Christi zu sprechen. Sie waren licht, wie wir in der Geschichte von der Verklärung lesen. Vor allem aber machte mich betroffen, festzustellen, daß sie nicht künstlich gewebt waren – es sei denn, die Hand der Engel sei die der Natur. Es waren keineswegs grob gesponnene Fasern, die ihr Gewebe zusammensetzten... Vielmehr hatte die Materie, eine Blüte der Materie, spontan sich selbst verflochten bis in das Innerste ihrer Substanz, wie zu einem wunderbaren Linnen. Und ich glaubte, unendlich ihre Maschen laufen zu sehen, harmonisch in einer natürlichen Zeichnung verbunden, die sie bis in den Grund ihrer selbst durchdrang. Doch für dieses durch das beständige Zusammenwirken aller Energien und der ganzen Ordnung der Materie wunderbar gewebte Gewand hatte ich, Sie begreifen das, nur einen nachlässigen Blick. Das verklärte Antlitz des Meisters zog meine ganze Aufmerksamkeit auf sich und nahm sie gefangen.

Sie haben oft nachts gesehen, wie gewisse Sterne ihr Licht wechseln, bald Perlen von Blut, bald violette Funken von Samt. Sie haben schon die Farben über eine durchsichtige Seifenblase laufen sehen...

So leuchteten in einem unsagbaren Schillern auf der unbeweglichen Physiognomie Jesu die Lichter aller unserer Schönheiten. Ich vermag nicht zu sagen, ob das nach dem Wunsch meines Verlangens geschah oder nach dem Wohlgefallen Dessen, Der mein Verlangen lenkte und kannte. Gewiß ist, daß diese zahllosen Tönungen der

Majestät, der Süße, der unwiderstehlichen Anziehung aufeinander folgten, sich verwandelten, ineinander verschmolzen gemäß einer Harmonie, die mich völlig sättigte...

Und immer schwebte hinter dieser bewegten Oberfläche, sie tragend und sie auch in einer höheren Einheit konzentrierend, die unmitteilbare Schönheit Christi... Und diese Schönheit ahnte ich mehr, als ich sie wahrnahm: jedesmal wenn ich versuchte, die Schicht der niederen Schönheiten zu durchstoßen, die sie mir verbargen, erhoben sich andere Sonder- und Teilschönheiten, die mir *die wahre* verhüllten, während sie durchaus bewirkten, daß ich sie ahnte und verlangte.

So strahlte das ganze Gesicht entsprechend diesem Gesetz. Doch das Zentrum der Strahlung und des Schillerns war in den Augen des verklärten Porträts verborgen...

Über die prächtige Tiefe dieser Augen lief in Irisfarben der Widerschein (es sei denn, es wäre die schöpferische Form, die Idee) all dessen, was bezaubert, all dessen, was lebt... Und die lichte Einfachheit ihres Feuers löste sich unter meinem Bemühen, sie zu beherrschen, in eine unerschöpfliche Komplexität auf, in der alle Blicke vereint waren, an denen sich jemals ein Menschenherz erwärmt oder gespiegelt hatte. – Diese Augen, die zum Beispiel so sanft und zärtlich waren, daß ich glaubte, meine Mutter vor mir zu haben, wurden im Augenblick darauf leidenschaftlich und zwingend wie die einer Frau – so gebieterisch rein zugleich, daß unter ihrer Herrschaft das Empfinden physisch unfähig gewesen wäre, irrezugehen. Und dann erfüllte sie wiederum eine große und männliche Majestät, ähnlich jener, die man in den Augen eines sehr mutigen, sehr feinen oder sehr starken Mannes liest, allerdings unvergleichlich höher und köstlicher zu ertragen.

Dieses Funkeln der Schönheiten war so vollständig, so einhüllend, auch so rasch, daß mein in allen seinen Kräften zugleich getroffenes und durchdrungenes Sein bis in das Mark seiner selbst in einer streng einzigen Note des Aufblühens und des Glücks schwang.

Doch während ich brennend meinen Blick in die Augensterne Christi tauchte, die zu einem Abgrund faszinierenden und glühenden Lebens geworden waren, da sah ich aus dem Grund eben dieser Augen wie eine Wolke etwas aufsteigen, das die Mannigfaltigkeit verwischte und überschwemmte, die ich Ihnen beschrieben habe. Ein außerordentlicher und intensiver Eindruck breitete sich nach und nach über die verschiedenen Tönungen des göttlichen Blicks aus, sie zunächst durchdringend und dann aufsaugend...

Und ich blieb verwirrt stehen.

Denn diesen letzten Ausdruck, der alles beherrscht hatte, alles zusammengefaßt hatte, *konnte ich nicht entziffern.* Es war mir unmöglich zu sagen, ob er eine unsagbare Agonie oder ein Übermaß triumphierender Freude verriet! – Ich weiß nur: seitdem glaube ich ihn in dem Blick eines sterbenden Soldaten von neuem gesehen zu haben. Augenblicklich verschleierten sich meine Augen durch Tränen. Doch, als ich von neuem hinschauen konnte, hatte das Bild Christi, in der Kirche, seine allzu strenge Kontur und seine starren Züge wieder angenommen.»[29]

2. Die Monstranz

Nachdem er diesen Bericht beendet hatte, verharrte mein Freund eine Zeitlang schweigsam und nachdenklich mit über den Knien gefalteten Händen in der Haltung, die ihm vertraut war. Der Tag ging zur Neige. Ich drückte auf einen Knopf, und das Licht leuchtete in der Lampe auf, einer sehr schönen Lampe, die mein Zimmer erhellte. Der Fuß und der Schirm dieser Lampe waren aus einem durchscheinenden Glas von der Farbe der Braunalgen, und die Birnen waren so geschickt in ihr eingeschlossen, daß die ganze Masse des Kristalls und die Figuren, die sie schmückten, von innen her erleuchtet wurden.

Mein Freund erbebte. Und ich beobachtete, wie sein Blick auf der Lampe haften blieb, als wolle er aus ihr seine Erinnerungen schöpfen, während er über seine inneren Erlebnisse wie folgt weiterberichtete.

«Ein anderes Mal – es war wiederum in einer Kirche – hatte ich mich vor dem Allerheiligsten hingekniet, das auf dem Altar in einer Monstranz ausgestellt war – als mich ein ganz eigenartiger Eindruck überkam.

Sie haben gewiß schon, nicht wahr, die optische Täuschung bemerkt, die einen hellen Flecken vor einem dunklen Hintergrund anscheinend breiter und größer werden läßt? – Wie ich auf die Hostie blickte, deren weiße Gestalt sich trotz des erleuchteten Altares vor der Dunkelheit des Chors abhob, erfuhr ich etwas Ähnliches (zumindest im Anfang; denn anschließend nahm, wie Sie sehen werden, das Phänomen einen Umfang an, von dem keinerlei physische Analogie wirklich eine Vorstellung geben kann ...).

Ich hatte also, während mein Blick auf der Hostie haftete, den Eindruck, daß sich ihre Oberfläche ausweite wie ein Ölfleck, aber, wohlgemerkt, viel schneller und lichter. Am Anfang glaubte ich, der einzige zu sein, der diesen Wandel wahrnahm; und mir schien, er schreite voran, ohne irgendein Verlangen zu wecken und ohne auf irgendein Hindernis zu stoßen.

Nach und nach aber, in dem Maße, wie die weiße Sphäre im Raum wuchs, bis sie mir nahe kam, vernahm ich ein Gemurmel, ein vielstimmiges Rascheln – so, wie wenn die aufsteigende Flut ihre Silberwoge über die Welt der Algen ausbreitet, die sich bei ihrer Annäherung ausweitet und erzittert – oder aber wie das Heidekraut knistert, wenn das Feuer die Heide erfaßt...

So umhüllte mich, inmitten eines großen Seufzens, das an ein Erwachen oder an eine Klage denken ließ, der Strom von Weiße, er ging über mich hinaus und überflutete alle Dinge. Und alles bewahrte, in sie hineingetaucht, seine eigene Gestalt, seine autonome Bewegung: denn die Weiße verwischte keine Züge, verwandelte keine Natur, vielmehr durchdrang sie die Gegenstände inniger, tiefer als ihr Leben selbst. Es war, als ob eine milchige Klarheit das Universum von innen her erleuchtete. Alles schien aus ein und derselben Art durchscheinenden Fleisches geformt zu sein.

...Sehen Sie, eben als Sie die Lampe anzündeten und ihre dunkle Materie klar und fluoreszent wurde, habe ich an die Welt gedacht, wie sie mir damals erschien, und gerade diese Bilderassoziation hat mir den Gedanken eingegeben, Ihnen zu sagen, was ich eben jetzt erzähle.

– Durch die geheimnisvolle Ausweitung der Hostie also war die Welt aufgeglüht – in ihrer Totalität, ähnlich einer einzigen großen Hostie. Und man hätte gesagt, daß unter dem Einfluß des inneren Lichtes, das sie durchdrang, sich ihre Fibern bis zum Zerreißen gespannt hätten, so sehr waren ihre Energien bis aufs äußerste angespannt. Und ich glaubte bereits, der Kosmos hätte in diesem Aufblühen seiner Aktivitäten seine Fülle erreicht, als ich eine viel grundlegendere Arbeit bemerkte, die sich in ihm vollzog. Von Augenblick zu Augenblick bildeten sich funkelnde Tropfen reinen Metalls auf der inneren Oberfläche der Seienden und fielen in das Zentrum tiefen Lichtes, wo sie sich verloren; – und zugleich verflüchtigte sich etwas Schlacke. – Im Bereich der Liebe vollzog sich eine Transformation, sie weitete, reinigte, fing alle im Universum enthaltene Liebeskraft ein.

Ich konnte das um so besser sehen, als eine Kraft in mir ebenso wie in allem übrigen wirkte: *der weiße Schimmer war aktiv!* Die Weiße verzehrte alles von innen her! – Sie hatte sich, auf den Wegen der Materie, bis in das Innerste der Herzen eingeschlichen – sie hat sie bis zum Zerreißen ausgeweitet, nur um in sich die Substanz ihrer Zuneigungen und ihrer Leidenschaften aufzusaugen. Und jetzt, da sie in sie hineingebissen hatte, zog sie unbezwinglich ihre Schichten, beladen mit dem reinsten Honig jeglicher Liebe, in ihr Zentrum zurück.

Tatsächlich, nachdem sie alles belebt, alles gereinigt hatte, *zog sich* die unermeßliche Hostie jetzt *langsam zusammen;* und die Schätze, die sie in sich zurückzog, drängten sich köstlich in ihrem lebendigen Licht.

...Wenn die Flut zurückgeht oder die Flamme zusammenfällt, kennzeichnen glänzende Pfützen, Brandflecken den Bereich, der zeitweilig vom Meer oder der Feuersbrunst überzogen worden war.

In dem Maße, wie die Hostie sich in sich selbst zusammenschloß, wie eine Blume ihren Kelch schließt, blieben auch gewisse widerspenstige Elemente des Universums hinter ihr in den äußeren Finsternissen zurück.
Irgendetwas erhellte sie noch: doch es war eine Seele verdorbenen, ätzenden und giftigen Lichtes.
Diese aufsässigen Elemente brannten wie Fackeln oder leuchteten rot wie Blut.
In diesem Augenblick hörte ich, daß man das ‹Ave Verum› sang.
...Die weiße Hostie war in die Monstranz aus Gold eingeschlossen. Um sie herum, wie Pfeile in der Dunkelheit, verzehrten sich Kerzen; und die Lampen des Heiligtums warfen hier und dort ihren purpurnen Glanz.»

3. Die Pyxis

Während mein Freund sprach, brannte mein ganzes Herz, und mein Geist erwachte zu einer höheren Sicht der Dinge. Verworren erkannte ich, daß die Vielheit der Evolutionen, die uns die Welt zu zerteilen scheint, im Grunde der Vollzug ein und desselben Mysteriums ist; und dieser erspähte Schimmer ließ, ich weiß nicht weshalb, meine Seele in ihren Tiefen erzittern. Doch allzusehr gewohnt, die Ebenen und die Kategorien zu trennen, verlor ich mich in dem für meinen novizenhaften Geist noch neuen Schauspiel eines Kosmos, in dem das Göttliche, der Geist und die Materie so innig ihre Dimensionen durcheinander mengten.
Da mein Freund sah, daß ich angstvoll begierig wartete, fuhr er fort:

«... Die letzte Geschichte, von der ich sprechen will, ist die einer Erfahrung, durch die ich ganz kürzlich hindurchgegangen bin. Diesmal, Sie werden es sehen, handelt es sich nicht mehr im eigentlichen Sinne um eine Vision – sondern um einen allgemeineren Eindruck, durch den mein ganzes Sein betroffen wurde und noch betroffen ist. Hören Sie!

Zu dieser Zeit lag mein Regiment an der Front auf dem Plateau von Avocourt. Die Reihe der deutschen Angriffe gegen Verdun war noch nicht abgeschlossen und das Ringen auf dieser Seite der Maas weiterhin hart. So trug ich, wie viele Priester während der Tage der Schlacht, die heiligen Gestalten bei mir in einer kleinen Pyxis in Form einer Uhr.

Eines Morgens, in den Schützengräben herrschte fast vollständige Ruhe, zog ich mich in meinen Unterstand zurück; und dort wandte sich in einer Art Meditation mein Denken ganz natürlich dem Schatz zu, den ich, durch eine dünne Hülle vergoldeten Silbers kaum von meiner Brust getrennt, bei mir trug. Sehr häufig schon hatte ich mich dieser göttlichen Gegenwart erfreut und aus ihr Kraft gewonnen.

Dieses Mal trat in mir ein neues Empfinden zutage, das bald jedes andere Bemühen um Sammlung und Anbetung beherrschte. Ich bemerkte plötzlich all das, was an Außerordentlichem oder Enttäuschendem daran ist, den Reichtum der Welt und die Quelle des Lebens *so nahe bei sich zu halten, ohne sie* innerlich *besitzen zu können, ohne daß es einem gelingt, sie zu durchdringen* oder sie zu assimilieren. Wie war es möglich, daß Christus meinem Herzen zugleich so nah und so fern war? – mit meinem Leib so vereint und meiner Seele so fern?

Ich hatte den Eindruck, daß eine unfaßbare und unüberwindliche Schranke mich von Dem trennte, Den ich doch nicht noch fester berühren konnte, da ich Ihn zwischen meinen Händen preßte... Es brachte mich auf, mein Glück in einer versiegelten Schale zu halten. Ich kam mir vor wie eine Biene, die um ein Gefäß voller Nektar summt, das aber sorgfältig geschlossen ist. – Und ich preßte nervös die Pyxis an mich, als ob dieses instinktive Mühen hätte bewirken können, daß Christus etwas mehr in mich einging.

Schließlich, da ich es nicht mehr aushalten konnte und im übrigen die Stunde gekommen war, wo ich in den Ruhestellungen die Gewohnheit hatte zu zelebrieren, öffnete ich die Pyxis und kommunizierte.

...Doch mir schien, als ob im tiefsten Grunde meiner selbst das Brot, das ich verzehrt hatte, wenn es auch zu Fleisch von meinem Fleisch geworden war, *noch außerhalb meiner selbst wäre...*

Ich rief damals mein ganzes Vermögen innerer Sammlung zu Hilfe. Ich konzentrierte auf die göttlichen Partikel das wachsende Schweigen und die wachsende Liebe meiner Kräfte. – Ich machte mich grenzenlos demütig, fügsam, anpassungsfähig wie ein Kind, um in nichts dem geringsten Verlangen des himmlischen Gastes zu widersprechen und mich unmöglich von Ihm zu unterscheiden, so sehr, daß ich im Gehorsam nur eins sei mit den Gliedern, denen Seine Seele befahl. – Ich reinigte mein Herz ohne Unterlaß, auf daß mein Inneres unaufhörlich durchlässiger sei für das Licht, das ich in mir barg.

Eitles und seliges Bemühen!

Die Hostie war immer mir voraus, weiter voran in der Konzentration und dem Aufblühen des Verlangens, weiter voran in der Durchdringbarkeit des Seins für die göttlichen Einflüsse, weiter voran in der Klarheit der Zuneigungen... Durch die dauernde Einfügung und Reinigung meines Seins drang ich unendlich in Sie ein, wie ein Stein in einen Abgrund fällt, ohne daß es ihm jedoch gelingt, dessen Grund zu berühren. So dünn die Hostie auch war, ich verlor mich in Ihr, ohne daß es mir gelang, Sie zu erfassen oder mit Ihr zusammenzufallen. *Ihre innerste Mitte floh mich, indem Sie mich anzog!*

Da ich die Tiefe der Hostie nicht erschöpfen konnte, dachte ich daran, Sie zumindest durch die Oberfläche Ihrer selbst zu umarmen. War Sie nicht ganz eins und sehr klein? Ich versuchte also mit Ihr von außen zur Deckung zu kommen, indem ich mich allen Ihren Konturen genau anschmiegte...

Dort erwartete mich ein neues Unendliches, das meine Hoffnung enttäuschte.

Als ich die heilige Partikel in meine Liebe so eifersüchtig einhüllen wollte, daß ich Ihr anhaftete, ohne von Ihrem kostbaren Kontakt die Dimension eines Atoms zu verlieren, geschah es nämlich, daß Sie sich unter meinem Bemühen unendlich differenzierte und komplizierte. In dem Maße, wie ich glaubte, Sie einzuschließen, war es keineswegs Sie, die ich hielt, sondern irgendeine der tausend Kreaturen, in deren Mitte unser Leben gefangen ist: ein Leiden, eine Freude, eine Arbeit, ein zu liebender oder zu tröstender Bruder...

Im Grunde meines Herzens *entwich* so durch eine wunderbare Substitution *die Hostie* ihrer Oberfläche nach und ließ mich im Ringen mit dem ganzen Universum, das aus Ihr selbst wiederhergestellt, das aus ihren Erscheinungsformen gezogen war...

– Ich übergehe den Eindruck der Begeisterung, den mir diese Offenbarung des zwischen Christus und mich als eine großartige Beute gestellten Universums verursachte. Um auf den besonderen Eindruck der ‹Äußerlichkeit› zurückzukommen, der die Schau ausgelöst hatte, möchte ich Ihnen nur sagen, daß ich damals begriff, welche unsichtbare Schranke sich zwischen der Pyxis und mir erhob. Von der Hostie, die ich zwischen meinen Fingern hielt, war ich *durch die ganze Schicht und die Oberfläche der Jahre getrennt,* die mir zu leben und zu vergöttlichen blieben.»

Hier zögerte mein Freund etwas. Dann fügt er hinzu:

«Ich weiß nicht weshalb. Ich habe seit einiger Zeit, wenn ich eine Hostie halte, den Eindruck, daß zwischen Ihr und mir nur mehr ein kaum ausgebildetes Häutchen ist...»

«Ich hatte immer», fuhr er fort, «eine natürlich ‹pantheistische›[30] Seele. Ich verspürte ihre unbezwinglichen, ursprünglichen Bestrebungen; jedoch ohne zu wagen, sie frei zu benutzen, weil ich sie nicht mit meinem Glauben zu vereinbaren verstand. Seit diesen verschiedenen Erfahrungen (und noch weiteren anderen) kann ich sagen, daß ich für meine Existenz das niemals ausgeschöpfte Interesse und den unvergänglichen Frieden gefunden habe.

Ich lebe inmitten eines einzigen Elements, Zentrum und Einzelnes von allem, personale Liebe und kosmische Kraft.

Um es zu erreichen und mich mit Ihm zu verschmelzen, habe ich das ganze Universum vor mir mit seinen edlen Kämpfen, mit seinem leidenschaftlichen Forschen, mit seinen Myriaden zu vervollkommnender und zu heilender Seelen. Ich kann und muß mich mitten in die menschliche Mühsal hineinwerfen, bis ich den Atem verliere. Je mehr ich meinen Teil übernehme, um so gewichtiger werde ich auf der ganzen Oberfläche des Wirklichen lasten, um so mehr auch erreiche ich Christus und dränge ich mich an Ihn.

Gott, das ewige Sein an Sich, ist, so könnte man sagen, überall in Bildung *für uns.*

Und Gott ist auch das Herz von allen. So sehr, daß der umfassende Hintergrund des Universums untergehen oder austrocknen oder mir durch den Tod fortgenommen werden könnte, ohne daß meine Freude abnähme. Würde der Staub zerstreut, der von einem Widerschein der Energie und der Herrlichkeit beseelt wurde, bliebe die substantielle Wirklichkeit unberührt, in der alle Vollkommenheit unzerstörbar enthalten ist und besessen wird. Die Strahlen beugen sich zu ihrer Quelle zurück: und dort werde ich sie alle noch umarmt halten.

Deshalb verwirrt selbst der Krieg mich nicht. In einigen Tagen werden wir hinausgeschickt, um Douaumont zurückzugewinnen – eine großartige und fast phantastische Geste, durch die ein endgültiger Fortschritt der Welt in der Befreiung der Seelen gekennzeichnet und symbolisiert werden wird. – Ich sage es Ihnen. Ich werde in diese Sache mit religiöser Haltung hineingehen, mit meiner ganzen Seele, getragen von einem einzigen großen Schwung, und ich bin unfähig zu unterscheiden, wo in ihm die menschliche Leidenschaft aufhört, wo die Anbetung beginnt.

... Und wenn ich von dort oben nicht wieder herunterkommen sollte, so möchte ich, daß mein Leib in den Lehm der Forts hineingeknetet bleibt als ein lebendiger

Zement, der von Gott zwischen dic Steine der Neuen Stadt geworfen wurde.»

So sprach zu mir, an einem Oktoberabend, mein vielgeliebter Freund – er, dessen Seele instinktiv mit dem einzigen Leben der Dinge kommunizierte und dessen Leib jetzt, so wie er es wünschte, irgendwo bei Thiaumont in wilder Erde ruht[31].

Geschrieben vor dem Gefecht von Douaumont.
(*Nant-le-Grand,* 14. Oktober 1916)

II. Die geistige Potenz der Materie

Und da sie zusammen voranschritten, siehe, ein Wagen und Pferde von Feuer trennten sie; und, von einem Wirbel ergriffen, wurde Elias plötzlich in die Himmel fortgetragen.
Buch der Könige

Der Mann, von seinem Begleiter gefolgt, ging durch die Wüste, als die Sache über ihn hereinbrach.
Von weitem war sie ihm ganz winzig erschienen, wie über den Sand gleitend, nicht größer als eine Kinderhand – ein blonder und fliehender Schatten, ähnlich einem zaudernden Flug Wachteln, in der frühen Dämmerung über dem blauen Meer, oder einer in der Abendsonne tanzenden Mückenwolke, oder einem Staubwirbel, der mittags über die Ebene läuft.
Die Sache schien die beiden Reisenden nicht zu beunruhigen. Sie strich verspielt durch die Einsamkeit. Doch plötzlich festigte sie ihren Lauf und kam geradewegs auf sie zu, wie ein Pfeil.
...Und dann sah der Mann, daß das kleine, blonde Wölkchen lediglich das Zentrum einer unendlich größeren Wirklichkeit war, die unumschrieben, ohne Form und ohne Grenzen vordrang. So weit er zu schauen vermochte – die Sache entwickelte sich in dem Maße, wie sie näher kam, mit wunderbarer Geschwindigkeit, und überflutete den ganzen Raum. Während ihre Füße das dorni-

ge Gras des Reißbaches berührten, stieg ihre Stirn wie ein goldener Nebel in den Himmel empor, hinter dem die Sonne rot leuchtete. Und um sie herum vibrierte der lebendig gewordene Äther spürbar unter der groben Substanz der Felsen und Pflanzen – so wie im Sommer die Landschaft hinter einem überhitzten Boden zittert.
Was kam, war das *bewegende Herz einer unermeßlichen Subtilität.*
– Der Mann fiel mit dem Gesicht zu Boden – er legte die Hände vor sein Gesicht und wartete.
Ein großes Schweigen geschah um ihn herum.
Und dann, plötzlich, ging ein brennender Atem über seine Stirn, durchbrach die Schranken seiner geschlossenen Lider und drang bis in seine Seele ein.
Der Mann hatte den Eindruck, er höre auf, einzig er selbst zu sein. Eine unwiderstehliche Trunkenheit bemächtigte sich seiner, als ob der ganze Saft allen Lebens, mit einem Schlag in sein allzu enges Herz zusammenfließend, die geschwächten Fibern seines Seins machtvoll neu schüfe.
Und zugleich bedrängte ihn die Angst einer übermenschlichen Gefahr – das verworrene Empfinden, daß die über ihn hereingebrochene Kraft zweideutig und trübe sei – die in sich gekoppelte Essenz allen Übels und alles Guten. Der Orkan war in ihm.
– Doch, ganz am Grund des Seins, das er ergriffen hatte, murmelte der unendlich sanfte und brutale Sturm des Lebens an dem einzigen geheimen Punkt der Seele, den er nicht voll und ganz erschütterte:
«Du hast mich gerufen – hier bin ich. Da der Geist dich von den Wegen fortjagte, denen die menschliche Karawane folgt, hast du es gewagt, der jungfräulichen Ein-

samkeit entgegenzutreten. Der Abstraktionen, der Abschwächungen, des Verbalismus des gesellschaftlichen Lebens müde, hast du dich mit der ganzen wilden Wirklichkeit messen wollen.
– Du bedurftest meiner, um zu wachsen; und ich erwartete dich, damit du mich heiligest.
– Immer schon verlangtest du nach mir, ohne es zu wissen – und ich zog dich an.
Jetzt bin ich über dir zum Leben oder zum Tode. – Es ist dir unmöglich zurückzuweichen – umzukehren zu den gemeinen Zufriedenheiten und der ruhigen Anbetung. Wer mich einmal gesehen hat, kann mich nicht mehr vergessen: er verdammt sich mit mir, oder er rettet mich mit sich. – Kommst du?»
– «O Göttlicher und Mächtiger, was ist dein Name? Sprich!»
– «Ich bin das Feuer, das brennt, und das Wasser, das umstürzt, die Liebe, die einweiht, und die Wahrheit, die vorübergeht. Alles, was sich aufdrängt, und alles, was erneuert, alles, was entfesselt, und alles, was vereint: Kraft, Erfahrung, Fortschritt – die Materie, das bin ich.
Weil es mir in meiner Gewalttätigkeit zustößt, meine Liebenden zu töten – weil wer mich berührt, niemals weiß, welche Macht er entfesseln wird, fürchten die Weisen mich und verfluchen mich. Sie verachten mich mit Worten, wie eine Bettlerin, eine Hexe oder eine Dirne. Aber ihre Worte stehen im Widerspruch zum Leben, und die Pharisäer, die mich verurteilen, gehen in dem Geist zugrunde, in dem sie sich eingrenzen. Sie sterben Hungers, und ihre Schüler verlassen sie, weil ich das Wesen von allem bin, was greifbar ist, und weil die Menschen ohne mich nicht auskommen können.

Du, der du begriffen hast, daß die Welt – die von Gott geliebte Welt – noch mehr als die Individuen eine loszukaufende Seele hat[32], öffne weit dein Sein meiner Inspiration; empfange den zu rettenden Geist der Erde.
Das Schlüsselwort des Rätsels – das auf meine Stirn geschriebene, blendende Wort, das von nun an deine Augen verbrennen wird, selbst wenn du sie schließt, sind diese: ‹*Nichts ist kostbar als das, was du in den anderen bist und die anderen in dir.* Oben ist alles nur eins! Oben ist alles nur eins!›
Komm, spürst du nicht meinen Atem, der dich entwurzelt und mitreißt?... Steh auf, Mann Gottes, und spute dich. Je nachdem wie man sich hineinbegibt, reißt der Wirbel in die dunklen Tiefen mit, oder er trägt bis in die Azurbläue der Himmel empor. Dein Heil und das meine hängen von diesem ersten Augenblick ab.»
– «O Materie – du siehst – mein Herz erzittert. Weil du es bist, sage mir, was willst du, daß ich tue?»
«Wappne deinen Arm, Israel, und kämpfe wagemutig wider mich!»
Der Atem, er schlich sich wie ein Zaubertrank ein, war herausfordernd und feindlich geworden.
Er brachte jetzt in seinen Falten einen bitteren Schlachtgeruch mit...
Wilder Geruch der Wälder, fiebrige Atmosphäre der Städte, unheimlicher und berauschender Duft, der von den im Krieg stehenden Völkern aufsteigt.
All das wogte in seinen Schichten, ein von allen vier Enden der Erde zusammengetragener Rauch.
Der noch zu Boden geworfene Mann zuckte zusammen, als habe man ihm die Sporen gegeben. Mit einem Satz richtete er sich auf, das Gesicht wider den Sturm.

Die ganze Seele seines Geschlechts war in ihm erzittert – ein dunkles Erinnern an den ersten Augenblick des Erwachens unter den stärkeren und besser bewaffneten Tieren – ein schmerzhafter Widerhall langen Bemühens, den Weizen zu zähmen und sich des Feuers zu bemächtigen – Angst und Groll angesichts der bösartigen Kraft – das Begehren, zu wissen und zu halten...

Eben, in der Süße der ersten Berührung hatte er instinktiv gewünscht, sich in den warmen Atem zu verlieren, der ihn umhüllte.

Und jetzt hatte die fast auflösende Woge der Seligkeit sich in einen bitteren Willen verwandelt, mehr zu sein.

Der Mann hatte die Feindin und die Erbbeute gewittert. –

Er stemmte seine Füße in den Boden und er begann zu ringen.

Er rang zunächst, um nicht mitgerissen zu werden – und dann rang er aus Freude am Ringen, um zu spüren, daß er stark war. Und je mehr er rang, desto mehr spürte er einen Zuwachs an Kraft aus sich hervorgehen, um ein Gegengewicht gegen den Sturm zu bilden; und umgekehrt ging aus diesem ein neuer Ausfluß hervor, der brennend heiß in seine Adern einging. Wie das Meer in bestimmten Nächten um den Schwimmer herum aufleuchtet und um so stärker in seinen Falten schillert, wie die starken Glieder es mit mehr Kraft durchfurchen, so strahlte auch die dunkle Kraft, die den Mann bekämpfte, in tausend Feuern um sein Bemühen herum auf.

Durch ein gegenseitiges Erwachen ihrer entgegengesetzten Potenzen erhöhte er seine Kraft, um sie zu meistern, und sie offenbarte ihre Schätze, um sie ihm auszuliefern.

– «Härte dich in der Materie, Sohn der Erde, bade dich

in ihren brennenden Schichten, denn sie ist die Quelle und die Jugend deines Lebens.
Oh! du glaubtest, auf sie verzichten zu können, weil sich in dir das Denken entzündet hat! – Du hofftest dem Geist um so näher zu sein, je sorgfältiger du das verwarfest, was sich anfassen läßt – göttlicher, wenn du der reinen Idee lebtest – engelgleicher zumindest, wenn du den Leib flohst.
Nun wohl! Du wärest fast vor Hunger zugrunde gegangen!
Du brauchst Öl für deine Glieder – Blut für deine Adern – Wasser für deine Seele – Wirkliches für deine Erkenntniskraft; du brauchst sie auf Grund des Gesetzes deiner Natur selbst, begreifst du das wohl?...
Niemals, niemals, wenn du leben und wachsen willst, kannst du zur Materie sagen: ‹Ich habe dich genug gesehen, ich habe die Runde deiner Geheimnisse gemacht – ich habe davon genommen, was für immer mein Denken nähren kann.› – Selbst wenn du, hörst du, als der Weiseste der Weisen in deinem Gedächtnis das Bild all dessen trügest, was die Erde bevölkert oder unter den Wassern schwimmt, wäre dieses Wissen wie ein Nichts für deine Seele, weil alle abstrakte Kenntnis welkes Sein ist – weil, um die Welt zu begreifen, das Wissen nicht genügt: man muß sehen, berühren, im Gegenwärtigen leben, die Existenz heiß inmitten der Wirklichkeit selbst trinken.
Sage also niemals wie gewisse Leute: ‹Die Materie ist verbraucht, die Materie ist tot!› – Bis zum letzten Augenblick der Jahrhunderte wird die Materie jung und überfließend, strahlend und neu sein für den, der will.
Wiederhole also nicht mehr: ‹Die Materie ist verurteilt – die Materie ist schlecht!› – Jemand ist gekommen, der

gesagt hat: ‹Ihr werdet das Gift trinken, und es wird euch nicht schaden.› – Und weiter: ‹Das Leben wird aus dem Tod hervorgehen› – und schließlich, da er das endgültige Wort meiner Befreiung aussprach: ‹Dies ist mein Leib.›

Nein, die Reinheit ist nicht in der Absonderung, sondern in einer tieferen Durchdringung des Universums. Sie ist in der Liebe zum unumschriebenen, einzigen Wesen, das alle Dinge von innen durchdringt und durchwirkt – weiter als der sterbliche Bereich, in dem die Personen und die Zahlen sich bewegen. – *Sie ist in einer keuschen Berührung mit dem, was ‹dasselbe in allen› ist.*

Wie schön ist der Geist, da er sich erhebt, mit allen Reichtümern der Erde geschmückt!

Bade dich in der Materie, Menschensohn. – Tauche in sie ein, dort, wo sie am gewalttätigsten und am tiefsten ist! Ringe in ihrem Strom und trinke ihre Flut! Sie hat ehedem dein Unbewußtsein gewiegt – sie wird dich bis zu Gott hin tragen!»

Der Mann wandte inmitten des Orkans den Kopf und versuchte, seinen Begleiter zu sehen. Und in diesem Augenblick bemerkte er, wie hinter ihm durch eine seltsame Metamorphose die Erde floh und wuchs.

Die Erde floh, denn hier, gerade unter ihm, verminderten sich und verschmolzen die eitlen Einzelheiten des Bodens – und doch wuchs sie, denn dort hinten in der Ferne stieg und stieg unaufhörlich der Kreis des Horizonts empor...

Der Mann sah sich im Zentrum einer unermeßlichen Schale, deren Lippen sich über ihm zusammenschlossen.

– Da machte das Fieber des Kampfes in seinem Herzen einer unwiderstehlichen Erleidensleidenschaft Platz; er entdeckte blitzhaft – überall in ihm gegenwärtig – das

Einzige Notwendige. Er begriff für immer, daß der Mensch, wie das Atom, nur durch den Teil seiner selbst Wert hat, der in das Universum eingeht.

Er sah mit einer absoluten Evidenz die leere Gebrechlichkeit der schönsten Theorie im Vergleich zu der endgültigen Fülle des geringsten in seiner konkreten und totalen Wirklichkeit genommenen *Faktums.*

Er betrachtete in einer unbarmherzigen Klarheit die lächerliche Anmaßung der Menschen, die Welt regeln zu wollen – ihr *ihre* Dogmen, ihre Maße und ihre Konventionen auferlegen zu wollen.

Er kostete bis zum Ekel die Banalität ihrer Freuden und ihrer Leiden, den kleinlichen Egoismus ihrer Sorgen, die Fadheit ihrer Leidenschaften, die Abschwächung ihres Empfindungsvermögens.

Er hatte Mitleid mit denen, die angesichts eines Jahrhunderts erschrecken oder die nicht über ein Land hinaus zu lieben vermögen.

So viele Dinge, die ehedem ihn verwirrt hatten oder ihn sich auflehnen ließen, die Reden und die Urteile der Doctores, ihre Behauptungen und ihre Verbote, ihr Verbot für das Universum, sich zu bewegen...

... All das erschien ihm lächerlich, unwirklich im Vergleich zu der majestätischen, von Energie überströmenden Wirklichkeit, die sich ihm offenbarte, universell in ihrer Gegenwart – unveränderlich in ihrer Wahrheit – unbarmherzig in ihrer Entwicklung – unabänderlich in ihrer Gelassenheit – mütterlich und sicher in ihrem Schutz.

Er hatte also, endlich!, *einen Stützpunkt* und eine Zuflucht *außerhalb* der Gesellschaft gefunden! – Ein schwerer Mantel fiel von seinen Schultern und glitt hinter ihn:

das Gewicht dessen, was falsch, eng, tyrannisch, *künstlich, menschlich* in der Menschheit ist.
Eine Woge des Triumphs befreite seine Seele.
Und er spürte, daß von nun an nichts mehr auf der Welt sein Herz von der höheren Wirklichkeit lösen könnte, die sich ihm zeigte – nichts; weder die Menschen in dem, was sie an Sich-Eindrängendem und Individuellem haben (denn so verachtete er sie) – noch der Himmel und die Erde in ihrer Höhe, ihrer Breite, ihrer Tiefe, ihrer Macht (denn gerade ihnen weihte er sich für immer).
– Eine tiefe Erneuerung hatte sich in ihm vollzogen, so daß es ihm nicht mehr möglich war, Mensch zu sein, *es sei denn auf einer anderen Ebene.*
Selbst wenn er jetzt auf die gemeine Erde wieder hinabstiege – und wäre es zu dem getreuen Begleiter, der dort unten auf den Wüstensand hingestreckt geblieben war –: er würde von nun an *ein Fremdling* sein.
Ja, er war sich dessen bewußt: selbst für seine Brüder in Gott, die besser als er, würde er unbezwinglich von nun an eine unbegreifliche Sprache sprechen, er, dem der Herr bestimmt hatte, die Straße des Feuers zu nehmen – selbst für jene, die er am meisten liebte, würde seine Zuneigung eine Last sein, denn sie würden spüren, wie er unbezwinglich *etwas hinter ihnen* sucht.
Weil die Materie, da sie ihren Schleier der Bewegtheit und der Vielheit zurückwarf, ihm ihre glorreiche Einheit entdeckt hatte, war nunmehr zwischen den anderen und ihm ein Chaos. – Weil sie sein Herz für immer von dem gelöst hatte, was örtlich, individuell, bruchstückhaft ist, würde sie allein, in ihrer Totalität, von nun an für ihn sein Vater, seine Mutter, seine Familie, sein Geschlecht, seine einzige und brennende Leidenschaft sein.

Und niemand in der Welt vermöchte etwas dagegen. Da er entschlossen die Augen von dem abwandte, was floh, gab er sich mit einem überfließenden Glauben dem Atem hin, der das Universum mitriß.
Doch siehe, im Herzen des Wirbels wuchs ein Licht, das die Süße und die Beweglichkeit eines Blicks hatte... – Eine Wärme breitete sich aus, die nicht mehr die harte Strahlung eines Feuers war, sondern der reiche Ausfluß eines Fleisches... – Die blinde und wilde Unermeßlichkeit wurde ausdrucksvoll, personal. – Ihre gestaltlosen Schichten falteten sich nach den Zügen eines unsagbaren Antlitzes.
Überall zeichnete sich ein Sein ab, anziehend wie eine Seele, greifbar wie ein Leib, weit wie der Himmel – ein in die Dinge ebenso vermengtes wie von ihnen unterschiedenes Sein – höher als ihre Substanz, mit der es sich schmückte, und doch nahm es in ihnen Gestalt an...
Der Osten wurde im Herzen der Welt geboren.
Gott strahlte auf dem Gipfel der Materie, deren Ströme ihm den Geist brachten.
Der Mann fiel auf die Knie in dem Feuerwagen, der ihn forttrug.
Und er sprach:

Hymne an die Materie

«Gesegnet seist du, herbe Materie, unfruchtbarer Boden, harter Fels, du, die du nur der Gewalt weichst und uns zwingst zu arbeiten, wenn wir essen wollen.
Gesegnet seist du, gefahrvolle Materie, gewalttätiges Meer, unzähmbare Leidenschaft, du, die du uns verschlingst, wenn wir dich nicht anketten.

Gesegnet seist du, machtvolle Materie, unwiderstehliche Evolution, immer neugeborene Wirklichkeit, du, die du in jedem Augenblick unsere Rahmen sprengst, uns zwingst, die Wahrheit immer weiter zu verfolgen.
Gesegnet seist du, universelle Materie, grenzenlose Dauer, uferloser Äther – dreifacher Abgrund der Sterne, der Atome und der Generationen – du, die du, unsere engen Maße überflutend und auflösend, uns die Dimensionen Gottes offenbarst.
Gesegnet seist du, undurchdringliche Materie, du, die du, überall zwischen unsere Seelen und die Welt der Wesenheiten gespannt, uns vor Verlangen schmachten läßt, den nahtlosen Schleier der Phänomene zu durchstoßen.
Gesegnet seist du, tödliche Materie, du, die du uns, eines Tages in uns zerfallend, mit Gewalt in das Herz selbst dessen einführen wirst, was ist.
Ohne dich, Materie, ohne deine Angriffe, ohne dein Herausreißen würden wir träge, stillstehend, kindisch, unwissend um uns selbst und um Gott dahinleben. Du schlägst und du verbindest – du widerstehst und du beugst dich – du stürzest um und du baust auf – du verkettest und du befreist – Saft unserer Seelen, Hand Gottes, Fleisch Christi, Materie, ich segne dich.
– Ich segne dich, Materie, und ich grüße dich, nicht so, wie dich die hohen Herren der Wissenschaft und die Tugendprediger verkürzt oder entstellt beschreiben – eine Zusammenhäufung, so sagen sie, brutaler Kräfte oder niedriger Neigungen –, sondern so, wie du mir heute erscheinst, *in deiner Totalität und in deiner Wahrheit.*
Ich grüße dich, unerschöpfliche Fähigkeit des Seins und der Transformation, in der die erwählte Substanz keimt und wächst.

Ich grüße dich, universelle Potenz der Annäherung und Vereinigung, durch die sich die Menge der Monaden verbindet und in der sie alle auf der Straße des Geistes konvergieren.
Ich grüße dich, harmonische Quelle[33] der Seelen, klarer Kristall, aus dem das Neue Jerusalem gewonnen wird.
Ich grüße dich, mit schöpferischer Kraft geladenes, göttliches Milieu, vom Geist bewegter Ozean, von dem inkarnierten Wort gekneteter und beseelter Ton.
– In dem Glauben, deinem unwiderstehlichen Ruf zu gehorchen, stürzen sich die Menschen häufig aus Liebe zu dir in den äußeren Abgrund egoistischen Genießens. –
Ein Widerschein täuscht sie, oder ein Echo. Das sehe ich jetzt.
Um dich, Materie, zu erreichen, müssen wir im Ausgang von einem universellen Kontakt mit allem, was sich hier unten regt, nach und nach spüren, wie zwischen unseren Händen die besonderen Formen von all dem, was wir halten, verschwinden, bis wir nur noch im Ringen mit der einzigen Wesenheit aller Konsistenzen und aller Vereinigungen bleiben.
Wir müssen, wenn wir dich haben wollen, dich im Schmerz sublimieren, nachdem wir dich wollüstig in unsere Arme genommen haben.
Du herrschest, Materie, in den erhabenen Höhen, wo die Heiligen glauben, dir auszuweichen – so durchsichtiges und so bewegliches Fleisch, daß wir dich nicht mehr von einem Geist unterscheiden.
Trage mich dorthin empor, Materie, durch das Bemühen, die Trennung und den Tod – trage mich dorthin, wo es endlich möglich sein wird, das Universum keusch zu umarmen!»[34]

Unten, in der wieder ruhig gewordenen Wüste, weinte jemand: «Mein Vater, mein Vater! Welch irrer Wind hat ihn fortgerissen!»
Und auf dem Boden lag ein Mantel.

Jersey, 8. August 1919

III. Die Messe über die Welt[35]

Einführung

N. M. Wildiers

Zu dieser Meditation wurde Pater Teilhard veranlaßt, als es ihm anläßlich einer wissenschaftlichen Expedition mitten in der Ordos-Wüste unmöglich war, die Messe zu feiern.

Es war, so scheint es, am Tage der Verklärung[36], ein Fest, das ihm besonders teuer war. Die Ausstrahlung der eucharistischen Gegenwart im Universum beschäftigte damals sein Denken in besonderem Maße. Gewiß, er verwechselte nicht diese Gegenwart, Frucht der Transsubstantiation im eigentlichen Sinne des Wortes, mit der universellen Gegenwart des Logos. Sein Glaube an das eucharistische Geheimnis war nicht nur glühend: er war ebenso genau wie fest. Doch war eben dieser Glaube stark genug und realistisch genug, um ihm die Folgerungen oder, wie er sagte, die «Verlängerungen» und die Weiterungen zu entdecken.

Zu einer Zeit, da der Individualismus in diesem Punkt noch laufend die gesamte Lehre der katholischen Tradition verhüllte, schrieb er – im selben Jahr, da die *Messe über die Welt* ihre endgültige Fassung bekam –:

«Wenn Christus sakramental in jeden seiner Gläubigen hinuntersteigt, so nicht nur, um mit diesem zu sprechen

[...]. Wenn er, durch den Priester, sagt: *Hoc est corpus meum,* gehen diese Worte über das Stück Brot hinaus, über dem sie ausgesprochen werden: sie lassen den ganzen Mystischen Leib entstehen. Über die konsekrierte Hostie hinaus dehnt sich das priesterliche Wirken auf den Kosmos selbst aus [...]. Die ganze Materie erfährt, langsam und unwiderstehlich, die große Weihe.»

Schon in *Der Priester* hatte Pater Teilhard, 1917, geschrieben:

«Wenn Christus, die Bewegung seiner Inkarnation verlängernd, in das Brot hinuntersteigt, um an seine Stelle zu treten, beschränkt sich sein Tun nicht auf die materielle Partikel, die seine Gegenwart, für einen Augenblick, verflüchtigt. Vielmehr umgibt die Transsubstantiation sich mit einer wirklichen, wenn auch abgeschwächten Vergöttlichung des ganzen Universums. Vom kosmischen Element aus, in dem er wurzelt, wirkt der Logos, um alles übrige zu unterwerfen und in sich aufzunehmen.»

Man ersieht aus diesen Texten, daß das eucharistische Geheimnis nicht nur in seiner eigentlichen Substanz bestätigt, sondern auch vollauf von den sekundären Wirkungen unterschieden wurde, in denen sich seine Fruchtbarkeit offenbart: Wachsen des Mystischen Leibes, Weihe des Kosmos. Solche Texte bezeugen eine Glaubensfülle, in der der authentische und tiefe Paulinismus von Pater Teilhard zutage tritt.

Der Pater «zeigt sich darin vor allem bestrebt, seiner täglichen Messe eine *kosmische Funktion* und *planetare Dimensionen* zu verleihen [...] Man muß nicht besonders betonen, daß das in seinem Denken mit dem allerorthodoxesten Sinn der heiligen Eucharistie zusammengeht.»

(Nicolas Corte, *La vie et l'âme de Teilhard de Chardin*, Paris, Fayard, 1957, S. 61.)
Ein Jahr nachdem er die *Messe über die Welt* geschrieben hatte, präzisierte Pater Teilhard noch in *Mein Universum:* «Um den grundlegenden Platz, den die Eucharistie in der Ökonomie der Welt einnimmt, würdig zu interpretieren [...], glaube ich, daß es nötig ist, im christlichen Denken und Gebet den wirklichen und physischen Ausweitungen der eucharistischen Gegenwart einen großen Platz einzuräumen [...].
Wie wir das lokale Zentrum unserer geistigen Ausstrahlung im eigentlichen Sinne «unseren Leib» nennen, muß man sagen, daß der ursprüngliche Leib, der primäre Leib Christi auf die Gestalten des Brotes und des Weins begrenzt ist. Doch [...] die Hostie gleicht einem glühenden Herdfeuer, dessen Flamme ausstrahlt und sich ausbreitet [...].»

1. Die Opferung

Herr, da ich wieder einmal, nicht mehr in den Wäldern der Aisne, sondern in den Steppen Asiens, weder Brot, noch Wein, noch Altar habe, will ich mich über die Symbole bis zur reinen Majestät des Wirklichen erheben und Dir, als Dein Priester, auf dem Altar der ganzen Erde die Arbeit und die Mühsal der Welt darbringen.
Die Sonne erhellt gerade dort hinten den äußersten Zipfel des ersten Aufgangs. Wieder einmal erwacht in dem sich bewegenden Feld ihrer Lichter die lebende Oberfläche der Erde, sie erzittert und beginnt ihre erschreckende Mühe. Ich lege auf meine Patene, mein Gott, die erwartete Ernte dieses neuen Bemühens. Ich gieße in meinen

Kelch den Saft all der Früchte, die heute zermalmt werden.
Mein Kelch und meine Patene sind die Tiefen einer Seele, die allen Kräften weit geöffnet ist, die in einem Augenblick sich von allen Punkten des Erdballs erheben und zum Geist konvergieren werden. – Kommt also zu mir, Erinnerung und mystische Gegenwart derer, die das Licht zu einem neuen Tage erweckt!
Einen um den anderen, Herr, sehe und liebe ich sie, die Du mir gegeben hast als natürliche Stütze und Zauber meines Daseins. Und auch einen um den anderen zähle ich die Glieder dieser anderen mir so lieben Familie, die nach und nach um mich herum im Ausgang von den auseinanderfallendsten Elementen die Affinitäten des Herzens, der wissenschaftlichen Forschung und des Denkens versammelt haben. Unbestimmter, aber ohne jede Ausnahme beschwöre ich all jene, deren namenlose Truppe die unzählbare Masse der Lebendigen bildet: jene, die mich umgeben und mich ertragen, ohne daß ich sie kenne; jene, die kommen, und jene, die gehen; vor allem jene, die in der Wahrheit oder durch den Irrtum hindurch in ihrem Büro, in ihrem Laboratorium oder in der Fabrik an den Fortschritt der Dinge glauben und heute leidenschaftlich dem Licht nachjagen werden.
Diese verschwommene oder klar erkennbare, wimmelnde Vielzahl, deren Unermeßlichkeit uns bestürzt – dieser menschliche Ozean, dessen langsame und eintönige Schwingungen in die Herzen der Gläubigsten Verwirrung bringen: ich will, daß in diesem Augenblick mein Sein von seinem tiefen Rauschen widerhallt. Alles, was im Laufe dieses Tages in der Welt zunehmen, alles, was abnehmen – und auch alles, was sterben wird –, siehe,

Herr, ich bemühe mich, es in mir zu versammeln, um es Dir darzureichen; siehe, das ist die Materie meines Opfers, des einzigen, das Du begehrst.
Ehedem schleppte man in Deinen Tempel die Erstlinge der Ernten und die besten Stücke der Herden. Das Opfer, das Du wirklich erwartest, das Opfer, dessen Du in geheimnisvoller Weise jeden Tag bedarfst, um Deinen Hunger, um Deinen Durst zu stillen, ist nichts weniger als das Wachsen der Welt, die vom universellen Werden mitgerissen wird.
Empfange, Herr, diese totale Hostie, die die von Deiner Anziehung bewegte Schöpfung Dir im neuen Sonnenaufgang darbietet. Dieses Brot, unser Mühen, ist aus sich selbst, ich weiß es, nur ein unermeßlicher Zerfall. Dieser Wein, unser Schmerz, ist erst, leider, nur ein auflösender Trank. Doch in die Tiefe dieser unförmigen Masse hast Du – dessen bin ich sicher, weil ich es fühle – ein unwiderstehliches und heiligendes Verlangen gelegt, das uns alle, vom Ungläubigen bis zum Gläubigen, schreien läßt: «Herr, mache uns eins!»
Weil Du, mein Gott, mir mangels des spirituellen Eifers und der sublimen Reinheit Deiner Heiligen eine unwiderstehliche Zuneigung zu allem gegeben hast, was sich in der dunklen Materie bewegt – weil ich unheilbar in mir stärker als ein Kind des Himmels einen Sohn der Erde erkenne –, werde ich heute morgen in Gedanken zu den hohen Orten emporsteigen, beladen mit den Hoffnungen und dem Elend meiner Mutter; und dort – in der Kraft eines Priestertums, das Du allein, so glaube ich, mir gegeben hast – werde ich auf alles, was im menschlichen Fleisch sich unter der aufgehenden Sonne zu entstehen oder zu vergehen anschickt, das Feuer herabrufen.

2. Das Feuer über der Welt

Wir werden von der hartnäckigen Illusion beherrscht, das Feuer, dieses Seinsprinzip, gehe aus den Tiefen der Erde hervor, und seine Flamme entzünde sich fortschreitend entlang dem leuchtenden Kielwasser des Lebens. Du hast mir, Herr, die Gnade gegeben zu begreifen, daß diese Sicht falsch ist und daß ich sie, um Dich wahrzunehmen, umkehren müsse. Am Anfang stand die erkennende, liebende und tätige Macht. Am Anfang stand das Wort, das in souveräner Weise fähig ist, sich jede Materie, die entsteht, zu unterwerfen und sie zu kneten. Am Anfang stand nicht die Kälte und die Finsternis; am Anfang stand das Feuer. Das ist die Wahrheit.

So bricht also nicht aus unserer Nacht nach und nach das Licht hervor, vielmehr räumt das präexistente Licht geduldig und unfehlbar unsere Dunkelheiten aus. Wir andern, die Kreaturen, wir sind aus uns selbst das Dunkle und das Leere. Du bist, mein Gott, der Grund selbst und die Festigkeit des ewigen Milieus ohne Dauer und Raum, in das schrittweise unser Universum emergiert und in dem es sich vollendet, indem es die Grenzen verliert, durch die es uns so groß erscheint. Alles ist Sein, es gibt überall nur Sein außerhalb der Zerstückelung der Kreaturen und des Gegensatzes ihrer Atome.

Brennender Geist, personales und urgründliches Feuer, wirklicher Zielpunkt einer tausendfach schöneren und begehrenswerteren Vereinigung als die von irgendeinem Pantheismus vorgestellte zerstörerische Verschmelzung, würdige Dich auch diesmal wieder, auf die gebrechliche Schicht neuer Materie, mit der sich heute die Welt umgeben wird, herabzusteigen, um ihr eine Seele zu geben. Ich weiß: Wir können dic geringste Deiner Gebärden weder vorschreiben noch vorwegnehmen. Von Dir kommen alle Initiativen, angefangen bei der meines Gebetes.

Funkelndes Wort, brennende Macht, Du, Der Du das Viele knetest, um ihm Dein Leben einzuhauchen, senke, ich bitte Dich, auf uns Deine mächtigen Hände, Deine zuvorkommenden Hände, Deine allgegenwärtigen Hände herab, diese Hände, die nicht hier oder dort berühren (wie es eine menschliche Hand tun würde), die vielmehr in die Tiefe und in die gegenwärtige und vergangene Universalität der Dinge sich hineinbegeben und uns gleichzeitig durch all das erreichen, was es in uns und um uns an Umfassendstem und Innerlichstem gibt. Bereite mit diesen unsichtbaren Händen, durch eine höchste Anpassung, zu dem großen Werk, das Du bedenkst, das irdische Bemühen, dessen in meinem Herzen gesammelte Totalität ich Dir in diesem Augenblick darbringe. Ordne es neu in dieses Bemühen, berichtige es, gieße es bis in seine Ursprünge um, Du, Der Du weißt, weshalb es unmöglich ist, daß das Geschöpf anders geboren wird als getragen von dem Trieb einer unbeendbaren Evolution.

Und jetzt, sprich darüber durch meinen Mund das doppelte und wirksame Wort, ohne das in unserer Weisheit und unserer Erfahrung alles schwankt, alles sich auflöst – und mit dem alles sich zusammenschließt und sich, soweit das Auge reicht, in unseren Spekulationen und unserer Erfahrung des Universums festigt. – Über alles Leben, das an diesem Tage keimen, wachsen, blühen und reifen wird, sage neu: «Dies ist mein Leib.» – Und über allen Tod, der sich zu zerfressen, zu welken, zu schneiden anschickt, befiehl [das Geheimnis des Glaubens kat'exochen]: «Dies ist mein Blut!»[37]

3. Das Feuer in der Welt

Es ist getan.
Das Feuer hat wieder einmal mehr die Erde durchdrungen.
Es ist nicht lärmend auf die Gipfel herabgefallen wie der Blitz in seinem Glanz. Bricht der Herr die Türen auf, um bei sich einzugehen?
Ohne Erschütterung, ohne Donner hat die Flamme alles von innen her erleuchtet. Vom Herzen des geringsten Atoms bis zur Energie der universellsten Gesetze hat sie individuell und in ihrer Gesamtheit jedes Element, jede Triebkraft, jede Bindung unseres Kosmos so natürlich durchdrungen, daß man von ihm glauben könnte, er habe sich spontan entflammt.
In der neuen Menschheit, die heute gezeigt wird, hat das Wort den endlosen Akt seiner Geburt verlängert; und kraft seines Hineintauchens in den Schoß der Welt haben sich die großen Wasser der Materie ohne ein Erzittern mit Leben geladen. Anscheinend hat nichts gezittert unter der unsagbaren Transformation. Und doch ist geheimnisvoll und wirklich in der Berührung mit dem substantiellen Wort das Universum, die unermeßliche Hostie, Fleisch geworden. Alle Materie ist von nun an inkarniert, mein Gott, durch Deine Inkarnation.
Schon lange hat unser menschliches Denken und Erfahren dem Universum die seltsamen Eigenschaften zuerkannt, die es einem Fleisch so ähnlich machen...
Wie das Fleisch zieht es uns durch den Zauber an, der in dem Geheimnis seiner Falten und in der Tiefe seiner Augen liegt.
Wie das Fleisch zerfällt es und entzieht es sich uns in der

Arbeit unserer Analysen, unseres Absinkens und seiner eigenen Dauer.

Wie das Fleisch läßt es sich nur wirklich umarmen in dem endlosen Bemühen, es immer jenseits dessen zu erreichen, was uns gegeben ist.

Dieses verwirrende Durcheinander von Nähe und Ferne spüren wir alle, Herr, da wir geboren werden. Und in dem Erbe von Schmerz und Hoffnung, das sich die Zeitalter weiterreichen, gibt es kein trostloseres Weh als jenes, das den Menschen vor Zorn und Verlangen inmitten der Gegenwart weinen läßt, die in allen Dingen um ihn herum ungreifbar und namenlos schwebt: «Si forte attrectent eum.»

Jetzt, Herr, gewinnen, durch die Konsekration der Welt, der im Universum schwebende Schein und Duft für mich Leib und Gesicht in Dir. Was mein zauderndes Denken erahnte, was mein Herz in einem unwahrscheinlichen Verlangen forderte, gibst Du mir großartig: daß nämlich die Geschöpfe nicht nur derart untereinander solidarisch seien, daß keines existieren könnte ohne alle die anderen, die es umgeben – daß sie vielmehr derart von ein und demselben wirklichen Zentrum abhängen, das ein wahrhaftes Leben, dem sie gemeinsam unterwofen sind, ihnen endgültig ihre Konsistenz und ihre Vereinigung gibt.

Sprenge, mein Gott, durch die Kühnheit der Offenbarung die Zaghaftigkeit eines knabenhaften Denkens, das sich in der Welt nichts Größeres und nichts Lebendigeres vorzustellen wagt als die erbärmliche Vollkommenheit unseres menschlichen Organismus! Auf dem Wege eines kühneren Begreifens des Universums lassen die Kinder der Welt jeden Tag die Lehrer Israels weiter hinter sich zurück. Herr Jesus, «in dem alle Dinge ihren Bestand fin-

den», offenbare Du Dich endlich denen, die Dich lieben, als die höhere Seele und das physische Zentrum der Schöpfung. Es geht um unser Leben, siehst Du das nicht? Würde ich nicht, wenn ich nicht glauben könnte, daß Deine wirkliche Gegenwart die geringsten der mich durchdringenden oder mich berührenden Energien beseelt, geschmeidig macht und erwärmt, bis in das Mark meines Seins erstarrt vor Kälte sterben?
Dank sei Dir, mein Gott, daß Du auf tausend Weisen meinen Blick gelenkt hast, bis Du ihn die unermeßliche Einfachheit der Dinge erkennen ließest! Nach und nach bin ich durch die unwiderstehliche Entwicklung des Strebens, das Du in mich gelegt hast, als ich noch ein Kind war, unter dem Einfluß außergewöhnlicher Freunde, die zur Stelle waren auf meinem Wege, um meinen Geist zu erhellen und zu kräftigen, unter dem Erwachen schrecklicher und süßer Einweihungen, deren Kreise Du mich nacheinander hast überschreiten lassen, dahin gelangt, nichts mehr sehen oder atmen zu können außerhalb des Milieus, in dem alles nur Eins ist.
In diesem Augenblick, da Dein Leben mit einem Übermaß an Kraft in das Sakrament der Welt eingeht, will ich mit einem vermehrten Bewußtsein die starke und ruhige Trunkenheit einer Schau kosten, deren Kohärenz und Harmonien zu erschöpfen mir nicht gelingt.
Angesichts und inmitten der von Deinem Fleisch assimilierten, Dein Fleisch gewordenen Welt, mein Gott, spüre ich in mir weder das Aufgesogenwerden des Monisten, der begehrt, sich in die Einheit der Dinge zu verschmelzen – noch die Erregung des Heiden, der sich zu Füßen einer greifbaren Gottheit geworfen hat – noch das passive Sich-Überlassen des Quietisten an die mystischen

Energien, nach deren Launen er hin- und hergeworfen wird.
Da sie aus diesen verschiedenen Strömungen etwas von ihrer Kraft nimmt, ohne mich auf irgendeine Klippe zu drängen, ist die Haltung, in die mich Deine universelle Gegenwart stellt, eine wunderbare Synthese, in der, sich berichtigend, drei der gefährlichsten Leidenschaften, die jemals ein Menschenherz entfesseln konnten, sich vermengen.
Wie der Monist stürze ich mich kopfüber in die totale Einheit – aber die Einheit, die mich aufnimmt, ist so vollkommen, daß ich in ihr, da ich mich verliere, die letzte Vollendung meiner Individualität finden kann.
Wie der Heide bete ich einen greifbaren Gott an. Ich berühre Ihn sogar, diesen Gott, durch die ganze Oberfläche und die ganze Tiefe der Welt, der Materie, in die ich hineingenommen bin. Doch, um Ihn zu fassen, wie ich möchte (einfach um Ihn weiter zu berühren), muß ich durch jeden Zugriff hindurch und über allen Zugriff hinaus immer weitergehen – ohne mich jemals in irgendetwas ausruhen zu können –, in jedem Augenblick von den Geschöpfen getragen und in jedem Augenblick über sie hinausgehend – in einem fortwährenden Empfangen und einer fortwährenden Loslösung.
Wie der Quietist lasse ich mich wonnevoll von der göttlichen Phantasie wiegen. Doch zugleich weiß ich, der göttliche Wille wird mir in jedem Augenblick nur an der Grenze meines Bemühens offenbart werden. Ich werde, wie Jakob, Gott in der Materie nur berühren, wenn ich von Ihm besiegt worden bin.
So beginnen, weil mir der endgültige, totale Gegenstand erschienen ist, auf den meine Natur abgestimmt ist, die

Kräfte meines Seins spontan nach einer unglaublich reichen, einzigen Note zu schwingen, in der ich, mühelos miteinander vereint, die entgegengesetztesten Bestrebungen unterscheide: den Reiz des Handelns und die Freude des Erleidens; die Wollust des Festhaltens und das Fieber des Übertreffens; den Stolz, zu wachsen, und das Glück, in einem Größeren als ich selbst zu verschwinden. Beladen mit dem Saft der Welt steigte ich auf zum Geist, der mir, in den konkreten Glanz des Universums gekleidet, jenseits aller Eroberung zulächelt. Und in das Geheimnis des göttlichen Fleisches verloren, vermag ich nicht zu sagen, welche dieser beiden Seligkeiten strahlender ist: das Wort gefunden haben, um die Materie zu beherrschen, oder die Materie besitzen, um das Licht Gottes zu erreichen und zu erfahren.

Gib, Herr, daß für mich Deine Herabkunft in die universellen Spezies nicht nur als die Frucht einer philosophischen Spekulation geliebt und gehegt werde, daß sie vielmehr mir wahrhaft eine wirkliche Gegenwart werde. Potentiell und zu Recht bist Du, ob wir es wollen oder nicht, in die Welt inkarniert, und wir leben in Abhängigkeit von Dir. Tatsächlich fehlt aber viel daran (und wieviel!), damit Du uns allen gleich nahe seist. Alle zusammen werden wir im Schoße ein und derselben Welt getragen, doch wir bilden um nichts weniger jeder unser kleines Universum, in dem die Inkarnation sich mit einer unmitteilbaren Intensität und mit unmitteilbaren Nuancen unabhängig vollzieht. Und deshalb bitten wir in unserem Gebet am Altar, daß *für uns* die Konsekration geschehe: «Ut nobis Corpus et Sanguis fiat...» Wenn ich fest daran glaube, daß alles um mich herum der Leib und das Blut des Wortes ist, dann geschieht für mich (und in einem gewissen Sinne für mich allein) die wunderbare ‹Diaphanie›, die objektiv in der Tiefe allen Tuns und jeden Elements die leuchtende Wärme ein und desselben Lebens durchscheinen läßt. Mein Glaube erschlaffe unglücklicherweise, und sogleich verlöscht das Licht, alles wird dunkel, alles zerfällt.

In den beginnenden Tagen, Herr, bist Du eben herabgestiegen. Doch, leider, welch unendliche Verschiedenheit im Grade Deiner Gegenwart in denselben Ereignissen, die sich vorbereiten und die wir alle erleiden werden! Unter genau denselben Umständen, die sich anschicken, mich zu umhüllen und meine Brüder zu umhüllen, kannst Du ein wenig, stark, immer mehr oder überhaupt nicht da sein.

Damit heute kein Gift mir schade, damit kein Tod mich töte, damit kein Wein mich berausche, damit in jedem Geschöpf ich Dich entdecke und Dich spüre – mach, Herr, daß ich glaube!

4. Kommunion

Wenn das Feuer in das Herz der Welt hinabgestiegen ist, so letztlich, um mich zu ergreifen und um mich zu verzehren. Und somit genügt es nicht, daß ich es betrachte und durch einen gewahrten Glauben unaufhörlich um mich herum seine Glut verstärke. Nachdem ich mit all meinen Kräften an der Konsekration mitgewirkt habe, die es hat aufbrechen lassen, muß ich schließlich der Kommunion zustimmen, die ihm in meiner Person die Nahrung geben wird, die zu suchen es letztlich gekommen ist.

Mein Gott, ich werfe mich vor Deiner Gegenwart in dem brennend gewordenen Universum nieder, und unter den Zügen all dessen, dem ich heute begegnen werde, und all dessen, was mir heute geschehen wird, und all dessen, was ich heute verwirklichen werde, verlange ich Dich und erwarte ich Dich.
Es ist etwas Schreckliches, geboren zu sein, das heißt unwiderruflich, ohne es gewollt zu haben, in einen Strom fruchtbarer Energie hineingerissen zu sein, der alles zerstören zu wollen scheint, was er mit sich fortreißt.
Ich will, mein Gott, daß durch eine Umkehr der Kräfte, deren Urheber Du allein sein kannst, der Schrecken, der mich angesichts der namenlosen Änderungen ergreift, die sich bereitmachen, mein Sein zu erneuern, in eine überströmende Freude umschlägt, in Dich verwandelt zu werden.
Ohne zu zaudern werde ich zunächst meine Hand nach dem brennenden Brot ausstrecken, das Du mir anbietest. In diesem Brot, in das Du den Keim der ganzen Entwicklung eingeschlossen hast, erkenne ich das Prinzip und das Geheimnis der Zukunft, die Du mir bereithältst. Es nehmen heißt, das weiß ich, mich den Kräften ausliefern, die mich schmerzlich aus mir selbst herausreißen werden, um mich in die Gefahr, die Mühe, in die fortwährende Erneuerung meiner Ideen, in die herbe Loslösung von den Zuneigungen zu drängen. Es essen heißt, für das, was in allem über allem ist, eine Lust und eine Affinität zu gewinnen, die mir von nun an die Freuden unmöglich machen werden, an denen sich bisher mein Leben erwärmte. Herr Jesus, ich bin bereit, von Dir besessen zu werden und von der unaussprechlichen Macht Deines Leibes, an den ich gebunden sein werde, in die Einsam-

keiten geführt zu werden, in die aufzusteigen ich allein niemals gewagt hatte. Instinktiv möchte ich, wie jeder Mensch, hier unten mein Zelt auf einem erwählten Gipfel aufschlagen. Auch ich habe Angst, wie alle meine Brüder, vor der zu geheimnisvollen und zu neuen Zukunft, in die mich die Dauer jagt. Und ich frage mich angstvoll mit ihnen, wohin geht das Leben... Möge diese Kommunion des Brotes mit dem Christus, Der mit den Mächten umkleidet ist, die die Welt ausweiten, mich von meiner Zaghaftigkeit und meiner Sorglosigkeit befreien! O mein Gott, ich werfe mich auf Dein Wort hin in den Strudel der Kämpfe und der Energien, in denen sich mein Vermögen, Deine heilige Gegenwart zu erfassen und zu erfahren, entwickeln wird. Wer leidenschaftlich Jesus verborgen in den Kräften liebt, die die Erde wachsen lassen, den wird die Erde mütterlich in ihren Riesenarmen emporheben, und sie wird ihn das Angesicht Gottes schauen lassen.

Wenn Dein Reich, mein Gott, von dieser Welt wäre, reichte es aus, daß ich mich, um Dich zu halten, den Kräften anvertraute, die uns leiden und sterben lassen, indem sie uns greifbar zum Wachsen bringen, uns oder das, was uns noch lieber ist als wir selbst. Weil aber der Zielpunkt, auf den zu sich die Erde bewegt, jenseits nicht nur jedes Einzeldings, sondern der Gesamtheit der Dinge liegt – weil die Arbeit der Welt darin besteht, nicht in sich selbst irgendeine höchste Wirklichkeit hervorzubringen, sondern sich durch Vereinigung in einem präexistenten Sein zu vollenden, zeigt sich, daß es für den Menschen, damit er zum Flammenzentrum des Universums gelange, nicht genügt, immer mehr für sich zu leben, und auch nicht, sein Leben in ein irdisches Vorhaben hinein-

zugehen, so groß es auch sein mag. Die Welt, Herr, kann letztlich Dich nur erreichen durch eine Art Umschlagen, Umkehr, Exzentration, in der für eine gewisse Zeit nicht nur das Gelingen der Individuen, sondern sogar das Äußerliche allen menschlichen Gewinns unterzugehen scheint. Damit mein Sein entschieden dem Deinen angeschlossen sei, muß in mir nicht nur die Monade, sondern die Welt sterben, das heißt, ich muß durch die zerreißende Phase einer Minderung hindurchgehen, die nichts Greifbares ausgleichen wird. Und deshalb reichst Du mir den Kelch, in den die Bitterkeit aller Trennung, aller Begrenzung, allen unfruchtbaren Scheiterns gesammelt ist. «Trinkt alle daraus.»
Wie könnte ich diesen Kelch zurückweisen, Herr, jetzt, da durch das Brot, das Du mich hast kosten lassen, in das Mark meines Seins das unauslöschliche, leidenschaftliche Verlangen eingedrungen ist, Dich jenseits des Lebens durch den Tod hindurch zu erreichen. Die Konsekration der Welt wäre vorhin unvollendet geblieben, wenn Du nicht für jene, die glauben, nach den Kräften, die beleben, die Kräfte, die töten, vorzüglich beseelt hättest. Meine Kommunion jetzt wäre unvollständig [sie wäre ganz einfach nicht christlich], wenn ich mit dem Zuwachs, den mir dieser neue Tag bringt, nicht in meinem Namen und im Namen der Welt als die unmittelbarste Teilhabe an Dir selbst die dumpfe oder offenkundige Mühsal der Schwächung, des Alters und des Todes annähme, die unaufhörlich das Universum zu seinem Heile oder seiner Verdammung unterhöhlt. Ich überlasse mich, mein Gott, glühend dem furchtbaren Wirken der Auflösung, durch das sich heute, ich will es blindlings glauben, Deine göttliche Gegenwart an die Stelle meiner engen

Personalität setzt. Wer leidenschaftlich Jesus verborgen in den Kräften geliebt hat, die die Erde sterben lassen, den wird die Erde sterbend in ihre Riesenarme schließen, und mit ihr wird er im Schoße Gottes aufwachen.

5. Gebet

Und jetzt, Jesus, da Du unter dem Schleier der Mächte der Welt wirklich und physisch alles für mich, alles um mich herum, alles in mir geworden bist, lasse ich in ein und dasselbe Sehnen die Trunkenheit dessen, was ich halte, und den Durst nach dem, was mir fehlt, eingehen, und ich sage Dir im Anschluß an Deinen Diener die Flammenworte neu, in denen sich, das ist mein unerschütterlicher Glaube, das Christentum von morgen immer klarer erkennen wird:

«Herr, schließe mich im tiefsten Inneren Deines Herzens ein. Und wenn Du mich dort hältst, brenne mich, reinige mich, entflamme mich, läutere mich bis zur vollkommenen Zufriedenheit Deines Wünschens, bis zur vollständigen Vernichtung meiner selbst.»

«Tu autem, Domine mi, include me in imis visceribus Cordis tui. Atque ibi me detine, excoque, expurga, accende, ignifac, sublima, ad purissimum Cordis tui gustum atque placitum, ad puram annihilationem meam.»

«Herr.» O ja, endlich habe ich so durch das doppelte Mysterium der universellen Konsekration und der universellen Kommunion jemand gefunden, dem ich mit ganzem Herzen diesen Namen geben kann! Solange ich in Dir, Jesus, nur den Mann von vor zweitausend Jahren, den erhabenen Sittenlehrer, den Freund, den Bruder zu sehen vermochte oder wagte, ist meine Liebe zaghaft und gehemmt geblieben. Haben wir um uns herum nicht sehr große, nicht sehr köstliche und nähere Freunde, Brüder, Weise? Und weiter, kann der Mensch sich ganz einer nur menschlichen Natur hingeben? Immer schon hatte die über jedem Element der Welt stehende Welt mein Herz ergriffen, und niemals hätte ich vor irgend jemand anderem mich ehrlich gebeugt. So bin ich also lange Zeit selbst als Glaubender umhergeirrt, ohne zu wissen, was ich liebte. Heute aber, Meister, da Du mir durch die Offenbarwerdung der suprahumanen Vermögen, die die Auferstehung Dir verliehen hat, durch alle Mächte der Erde hindurch erscheinst, erkenne ich Dich als meinen Herrscher und liefere ich mich Dir in Wonne aus.

Seltsame Schritte Deines Geistes, mein Gott! – Als vor zwei Jahrhunderten in Deiner Kirche sich die klar umrissene Anziehungskraft Deines Herzens bemerkbar zu machen begann, mochte es scheinen, was die Seelen verführte, sei die Entdeckung eines bestimmteren, umschriebeneren Elementes in Dir als Dein Menschsein selbst. Jetzt aber wird in plötzlicher Umkehr sichtbar, daß Du, Jesus, durch die ‹Offenbarung› Deines Herzens unserer Liebe vor allem das Mittel geben wolltest, dem zu entkommen, was allzu eng, allzu scharf umrissen, allzu begrenzt an dem Bild war, das wir uns von Dir machten. Im Zentrum Deiner Brust bemerke ich nichts anderes als einen Glutofen; und je mehr ich dieses brennende Feuer ansehe, um so mehr scheint es mir, daß überall um es herum die Umrisse Deines Leibes zerschmelzen, daß sie über alles Maß hinaus größer werden, bis ich in Dir keine anderen Züge mehr erkenne als die Gestalt einer entflammten Welt.

Glorreicher Christus; verborgen im Schoß der Materie; ausgebreiteter Einfluß und blendendes Zentrum, in dem die zahllosen Fasern der Vielheit verbunden sind; Macht, unbarmherzig wie die Welt und warm wie das Leben; Du, Dessen Stirn wie Schnee, Dessen Augen wie Feuer, Dessen Füße strahlender sind als schmelzendes Gold; Du, Dessen Hände die Sterne gefangenhalten; Du, Der Du der Erste und der Letzte, der Lebendige, der Tote und der Auferstandene bist; Du, Der Du in Deiner überströmenden Einheit allen Zauber, alle Lust, alle Kräfte, alle Zustände sammelst; Dich rief mein Sein mit einem ebenso großen Verlangen wie das Universum: Du bist wahrhaft mein Herr und mein Gott!

«Schließe mich in Dich ein, Herr» – o ja! Ich glaube es (ich glaube es sogar so sehr, daß dieser Glaube eine der Stützen meines inneren Lebens geworden ist): Dir absolut ferne Finsternisse wären ein reines Nichts. Außerhalb Deines Fleisches, Jesus, kann nichts bestehen, und zwar so sehr, daß selbst jene, die außerhalb Deiner Liebe verworfen sind, zu ihrem Unglück noch in den Genuß der Stütze Deiner Gegenwart kommen. Wir stehen alle unwiderruflich in Dir im universellen Milieu der Konsistenz und des Lebens! – Aber gerade weil wir keine fixfertigen Dinge sind, die man sich gleichgültig Dir nahe oder fern vorstellen kann; gerade weil in uns das Subjekt der Vereinigung mit der Vereinigung selbst wächst, die uns fortschreitend Dir gibt; – im Namen dessen, was das Wesentlichste in meinem Sein ausmacht, Herr, höre das Verlangen dieses Dings, das ich *meine* Seele zu nennen wage, wenn ich auch jeden Tag mehr begreife, wie sehr sie größer ist als ich; und um meinen Durst nach Existenz zu stillen, zieh mich an – durch die aufeinanderfolgenden

Bereiche Deiner tiefen Substanz hindurch – bis in die innersten Falten des Zentrums Deines Herzens!
Je tiefer wir Dir begegnen, Meister, um so universeller enthüllt sich Dein Einfluß. An diesem Kennzeichen kann ich in jedem Augenblick beurteilen, wie weit ich in Dich vorgedrungen bin. Wenn, während alles um mich herum seine Kraft und seine Umrisse wahrt, ich es doch um nichts weniger, durch eine verborgene Seele in ein einziges Element ausgebreitet, unendlich nah und unendlich fern sehe – wenn ich, in die eifersüchtige Innerlichkeit eines göttlichen Heiligtums eingeschlossen, mich doch frei durch den Himmel aller Geschöpfe bewegen spüre – dann werde ich wissen, daß ich dem zentralen Ort näher komme, wo das Herz der Welt in die herabsteigende Strahlung des Herzens Gottes konvergiert.
An diesem Punkt universeller Entflammung wirke, Herr, auf mich durch das vereinte Feuer aller inneren und äußeren Einwirkungen, die, würde ich ihnen Dir weniger nah unterworfen, gleichgültig, zweideutig oder feindlich wären; die aber, von einer Energie beseelt, «quae possit sibi omnia subjicere»[38], in den physischen Tiefen Deines Herzens zu den Engeln Deines siegreichen Tuns werden. Durch eine wunderbare Verbindung des Zaubers der Kreaturen und ihrer Unzulänglichkeiten, ihrer Sanftmut und ihrer Bosheit, ihrer enttäuschenden Schwäche und ihrer erschreckenden Macht mit Deiner Anziehungskraft – begeistere mein Herz, und erfülle es dann wieder mit Widerwillen; lehre es die wahre Reinheit, jene, die keine blutleermachende Trennung von den Dingen ist, sondern ein Aufschwung durch alle Schönheit hindurch; offenbare ihm die wahrhafte Liebe, jene, die keine unfruchtbare Furcht ist, wehe zu tun, sondern der kraftvolle Wille, mit allen zusam-

men die Tore des Lebens aufzubrechen; gib ihm endlich, gib ihm vor allem durch eine immer wachsende Schau Deiner Allgegenwart die selige Leidenschaft, immer etwas mehr die Welt zu entdecken, zu schaffen und zu erleiden, damit es immer mehr in Dich eindringe.

All meine Freude und mein Erfolg, der ganze Sinn meines Seins und all meine Lebenslust, mein Gott, hängen an dieser grundlegenden Schau Deiner Verbindung mit dem Universum. Mögen andere, entsprechend ihrer höheren Aufgabe, den Glanz Deines reinen Geistes verkünden! Ich aber, der ich unter einer Berufung stehe, die in den tiefsten Fasern meiner Natur wurzelt, ich will nichts noch kann ich anderes aussagen als die unzähligen Verlängerungen Deines inkarnierten Seins durch die Materie hindurch; ich werde niemals etwas anderes predigen können als das Geheimnis Deines Fleisches, o Seele, die in allem durchscheint, was uns umgibt!

Deinem Leib in seiner ganzen Ausdehnung, das heißt der Welt, die durch Deine Macht und durch meinen Glauben der großartige und lebendige Tiegel geworden ist, in dem alles verschwindet, um wiedergeboren zu werden – durch alle Kräfte, die Deine schöpferische Anziehung in mir hat aufbrechen lassen, durch meine allzu schwache Wissenschaft, durch meine Ordensbindungen, durch mein Priestertum und (daran liegt mir am meisten) durch den Urgrund meiner menschlichen Überzeugung – weihe ich mich, um aus Ihm zu leben und aus Ihm zu sterben, Jesus.

Ordos, 1923

Anmerkungen

Je nach Autoren gibt es drei Kategorien von Anmerkungen: 1. die von Teilhard de Chardin selbst, 2. die der Herausgeber der Texte in der französischen Werkausgabe und 3. die der Übersetzer der deutschen Ausgabe. Der Einfachheit halber wurden alle Anmerkungen fortlaufend beziffert: die Teilhards sind an der bloßen Ziffer erkennbar, z. B. [2], die des französischen Herausgebers an der Ziffer mit einem Sternchen, z. B. [1*], die der deutschen Übersetzer an der Ziffer mit zwei Sternchen, z. B. [4**].

[1*] «...der Titel von Graham Green *(The Heart of the Matter)* würde mir ausgezeichnet passen (aber mit einer gänzlich anderen Sinngebung) für einen Essay, den ich seit einiger Zeit zu schreiben träume, unter dem Wort, das mir Englisch in den Sinn kommt (und das nicht ins Französische übersetzbar ist): The Golden Glow (Das goldene Leuchten) (d. h. das Erscheinen Gottes außerhalb und im ‹Herzen der Materie›.» – «... das Ganze (des Werkes: Das Herz der Materie) sollte aus vier Fäden geflochten sein (anstatt nur aus dreien) nämlich: *Das Kosmische, Das Menschliche, Das Christische* und *Das Weibliche* ....» Vgl. «Briefe an eine Nichtchristin», S. 103 und S. 133, Walter-Verlag 1971.

[2] Hier, was ich seit 1917 in einem meiner ersten Essays, betitelt «Mein Universum» und mitten im Krieg geschrieben, zum selben Thema schon gesagt habe: «Das Bedürfnis, in allem etwas ‹Absolutes› zu besitzen, war seit meiner Kindheit die Achse meines ganzen inneren Lebens. Unter den Vergnügungen dieses Alters war ich nur glücklich (ich erinnere mich noch ganz deutlich) *in bezug* auf eine fundamentale Freude, die im allgemeinen in dem Besitz (oder in dem Gedanken) irgendeines kostbareren, konsistenteren, unwandelbareren Gegenstandes bestand. Bald handelte es sich um irgendein Metallstück, bald,

durch einen Sprung ins andere Extrem, gefiel ich mir im Gedanken an Gott-Geist (das Fleisch Christi schien mir in diesem Alter eine zu gebrechliche und zu verderbliche Sache zu sein). Diese Beschäftigung konnte eigenartig scheinen. Ich wiederhole, daß es *ohne Unterbrechung* so war. Ich hatte von da an das unbezwingbare Bedürfnis (ein belebendes und beruhigendes), mich dauernd in etwas Berührbarem und Endgültigem auszuruhen; und ich suchte überall diesen beglückenden Gegenstand. – Die Geschichte meines inneren Lebens besteht in dieser Suche, die auf immer universellere und vollkommenere Realitäten aus ist. Im Grunde ist, seit ich mich kenne, meine natürliche, tiefe Tendenz absolut unverändert geblieben.»

** Der französische Text des Essays «Mein Universum» vom 14. April 1918 findet sich in Band XII der Werkausgabe: «Écrits du Temps de la Guerre, 1916–1919», Éditions du Seuil, Paris 1976, S. 293–307, das Zitat S. 269. In der deutschen Ausgabe des entsprechenden Bandes: «Frühe Schriften», Verlag Karl Alber, Freiburg/München, 1968, fehlt dieser Essay zusammen mit sieben anderen. Dieser frühe Text «Mein Universum» ist nicht zu verwechseln mit dem vom 25. März 1924 in Tientsin datierten längeren Aufsatz «Mein Universum» (in Band 9 der deutschen Werkausgabe, «Wissenschaft und Christus», Walter-Verlag, Olten 1970).

3* «Gegenwärtig tue ich mein Möglichstes, um die Gefühle, die ich als Kind im Hinblick auf das empfand, was ich später *die heilige Materie* genannt habe, wiederzufinden und auszudrücken. Das ist ein sehr heikler und kritischer Punkt, denn zweifellos ist von diesen ersten Kontakten mit dem ‹Wesen› der Welt mein ganzes inneres Leben aufgesprudelt und gewachsen. In dem gegenwärtigen Fall mindestens kann niemand sagen, ich würde auf dem Gebiet der Philosophie oder Theologie herumtreten. – Eine persönliche und psychologische Erfahrung: nicht mehr, aber auch nicht weniger.» Brief vom 18. August 1950. Vgl. «Briefe an eine Nichtchristin», Walter-Verlag, Olten 1971, S. 135.

«... ich war froh, gestern Sarcenat wiederzusehen. Aber die beiden Dinge, die ich von diesem Ausflug in die Vergangenheit im wesentlichen mitgebracht habe, sind: a) die Bestätigung, daß die psychologische Analyse (so wie ich sie dieser Tage in einem Essay skizziert habe) meiner mystischen Tendenzen (als ich ein Kind war) exakt ist; und b) der endgültige Beweis, daß ein ganzer früherer Kreis meiner selbst wirklich tot ist (weil die Welle jetzt innerlich viel tiefer geht).» Brief vom 22. August 1950. Vgl. «Briefe an eine Nichtchristin», S. 137.

4** «Wo die Motte nicht zerfrißt.» (Lukas 12,33)

5 In Ermangelung eines Bessern zog ich den wahrhaft allzu zarten Schmetterlingen die Käfer vor, – und das, je hörniger und robuster sie waren.

6 Die übrigens, in Ermangelung der «Konvergenz» (vgl. unten, Teil II), nicht das war, was mich befriedigen konnte.

7 Und hier (in diesen Ausdrücken, meine ich) erscheint wieder mein unbezwingbares Bedürfnis, das, was ich liebe, zu *universalisieren.*

8 Bis 1935 erscheint in dem abgekürzten Credo, das ich als Motto (dem Aufsatz) «Mein Glaube» vorangestellt habe (und obwohl sich der Essay selbst in seiner Argumentation ausdrücklich auf das Menschliche Phänomen abstützt), das Wort *Mensch* nicht. Heute würde ich sagen: «... Ich glaube, die Evolution geht zum Geist. Ich glaube, der Geist vollendet sich im *Menschen* im Personalen.» – Gerade ein Zug mehr, – der aber genügt, um uns ohne Mehrdeutigkeit aus der Metaphysik herauszuführen und uns im Historischen, Biologischen, – im Planetarischen zu verankern.

9 Ich sehe und «erlebe» mich noch (ich mochte 5 oder 6 Jahre alt gewesen sein) neben dem Kaminfeuer, wie ich mit einer Bestürzung, die auf meinen Kult «des kleinen Jesus» zurückwirkte, die übelriechende Verkohlung einer Haarlocke beobachtete.

10 Édouard Le Roy war so freundlich, diesem ersten meiner Essays über das menschliche Phänomen einen großen Platz in seinen Vorlesungen am Collège de France einzuräumen («Das idealistische Erfordernis und die Tatsache der Evolution») und so den Ausdruck «Noosphäre», der seither berühmt geworden ist, mit seiner Autorität zu decken.

* Es handelt sich um «Die Hominisation», ein in Paris im Mai 1925 verfaßter Essay, 1957 veröffentlicht im Band III der französischen Werkausgabe: La Vision du Passé;** Band 4 der deutschen Werkausgabe, «Die Schau in die Vergangenheit», Walter-Verlag, Olten 1965, S. 77–117.

11 In der Größenordnung der Zelle hört der Körper der Mehrzeller (Metazoen) auf, sichtbar zu sein; und das Molekül in der Größenordnung des Atoms...

[12] Sie wird sich, davon bin ich überzeugt, (wie der kosmische Sinn, und gleichzeitig mit ihm) im Schoß der kommenden Generationen rasch verallgemeinern.

[13] Dieses Erwachen ist deutlich vermerkt in einer etwas verrückten Phantasie, die ich um 1917 in den Schützengräben geschrieben habe, und die den Titel trägt «Die große Monade»: der über den Stacheldrahtverhauen aufgehende Vollmond – Symbol und Bild der denkenden Erde. Und noch deutlicher im letzten (von den Herausgebern unterdrückten) Abschnitt des (Essays) «Heimweh nach der Front» (Études, 20. Nov. 1917), den ich hier wieder abschreibe: «...Die Nacht senkte sich nun gänzlich auf den Chemin des Dames. Ich stand auf, um in den Unterstand zurückzugehen. Und siehe, als ich mich umwandte, um ein letztes Mal die heilige Linie zu sehen, die heiße und lebendige Linie der Front, erahnte ich – die Erleuchtung einer unvollendeten Intuition –, daß diese Linie die Gestalt einer höheren, sehr erhabenen Sache annahm, die ich unter meinen Augen sich bilden fühlte, aber die zu beherrschen und zu verstehen es eines vollkommeneren Geistes als des meinigen bedurft hätte. Ich dachte dann an diese Umwälzungen von gigantischer Größe, die einst nur die Tiere zu Zeugen hatten. Und es schien mir in diesem Augenblick, als sei ich von dieser Sache, die im Begriffe war zu entstehen, einem Tier ähnlich, dessen Seele erwacht und das Gruppen verbundener Realitäten sieht, ohne die Einheit, die sie darstellen, begreifen zu können.»

** «Die große Monade» und «Heimweh nach der Front»: in Band XII der französischen Werkausgabe, a.a.O. (Anm.[2]**), S. 261–278; 225–241. Beide Aufsätze sind noch nicht ins Deutsche übersetzt.

[14] Von unten nach oben – obwohl unter dem Einwirken «von oben».

[15] Ein wenig dem ähnlich, wie sich in der Atomphysik kein Mikro-Korpuskel im Ruhezustand denken läßt und ohne seine Welle (die um so durchdringender ist, je größer die Masse der Korpuskel) – ähnlich könnte man vom Gesichtspunkt der Biophysik aus sagen, es existiere kein Mega-Korpuskel ohne Psychismus (umso höher, als das betreffende Korpuskel komplizierter ist).

[16] «Die Einigung (die biologische Einigung) identifiziert nicht. Sondern sie differenziert das einfache Lebendige. Und sie personalisiert auf sich das Reflexe.» Es ist deshalb eine organische Häresie, sich vorzustellen, das total Reflexe bilde eine einzige «Seele». Nicht eine

einzige Seele, sondern eine Seele, die alle versammelten Seelen überbeseelt.

17 Mehr oder weniger hervorgerufen und genährt durch den Einfluß des Weiblichen (vgl. unten, Schluß).

18 Das ist es, was ich in der ersten meiner «Geschichten nach Benson», geschrieben 1916 zwischen zwei Angriffen in Verdun, auszudrücken suchte.** Vgl. in diesem Band S. 91–96.

19 Und allgemeiner, davon bin ich überzeugt, im Tiefsten *jeder* modernen Seele.

20** Pater Paul Troussard SJ.

21 Zu dieser geistigen «Macht» und geistigen «Herausforderung» der Materie siehe «Le Milieu Divin» (** deutsch: «Das göttliche Milieu. Ein Entwurf des inneren Lebens», Walter-Verlag, Olten 1962), – und auch den charakteristischen Essay (über «Der Mantel des Elias»), geschrieben 1919, unmittelbar nach dem Krieg, in Jersey (** vgl. «Die geistige Potenz der Materie», in diesem Band S. 107–119).

22* Die 1948 ernannten Revisoren, die ihre Meinung zu dieser Schrift Pater Teilhards zu geben hatten, fanden diese Stelle mit der Orthodoxie unvereinbar. Der Pater war damit einverstanden, die Worte *Erfüllung* und *Vollendung* durch *Genugtuung* zu ersetzen. Aber kurz darauf, nachdem er darüber reflektiert hatte, erklärte er uns: «Trotzdem, das Universum ist für Gott weit mehr als ein Produkt der Genugtuung.» Eine Lektüre [der Schriften] von Kardinal Berulle nach dem Tode von Teilhard sollte uns beweisen, daß dieser recht hatte. Hier die Äußerung des Kardinals, der von Urban VIII. «der Apostel der Geheimnisse des Menschgewordenen Wortes» genannt wurde: (Gott) «der Vater, der Quellgrund der Gottheit ist, (...) bringt aus sich zwei göttliche Personen hervor. Und der Sohn, der die zweite hervorbringende Person in der Gottheit ist, vollendet seine Fruchtbarkeit im Hervorbringen einer einzigen göttlichen Person. Und diese dritte Person bringt nichts Ewiges und Unerschaffenes hervor, sondern bringt das Fleisch gewordene Wort hervor. Und dieses Fleisch gewordene Wort (...) bringt die Ordnung der Gnade und der Glorie hervor, die sich darin vollendet, (...) uns durch Vorausnahme zu Göttern zu machen. (...) Und darin endet die Mitteilung Gottes in sich selbst und außerhalb seiner selbst» *(Die Großartigkeiten Jesu).* Indem der Gott-Mensch auf der Fruchtbarkeit des Hl. Geistes gründet und die Menschwerdung des Wortes an die

Schöpfung eines evolutiven Universums gebunden ist, kann man zu Recht schließen, daß dieses wirklich «ein geheimnisvolles Produkt der Erfüllung und Vollendung für das absolute Sein selbst ist».

[23*] «Ich denke schließlich, das *Weibliche* wird an Stelle des Schlusses oder als *Widmung* dargestellt und diskutiert: nicht so sehr als ein Element in sich, sondern eher als Licht, das den Prozeß der universellen Konzentration erleuchtet: wahrlich, wie ich es Ihnen geschrieben habe, als Geist der Einigung.» Vgl. «Briefe an eine Nichtchristin», S. 134, a. a. O. (s. o. Anm.[3*]), Brief vom 14. August 1950.

[24*] Indem Pater Teilhard selber seiner Autobiographie die Erzählung seiner ersten mystischen Erfahrung als Anhang hinzugefügt hat, wollte er, daß das Licht, zu dem er damals Zugang hatte, auf dieses Werk zurückstrahle.

Um *das Weibliche* auf der Höhe, in der Pater Teilhard seit 1919 lebte, zu verstehen, muß man die folgenden Zeilen der *Geistigen Potenz der Materie* in ihrer ganzen Kraft erfassen: «Eine tiefe Erneuerung hatte sich in ihm vollzogen, so daß es ihm nicht mehr möglich war, Mensch zu sein, *es sei denn auf einer andern Ebene.*» «Selbst für jene, die er am meisten liebte, würde seine Zuneigung eine Last sein, denn sie würden spüren, wie er unbezwinglich *etwas hinter ihnen* sucht.» (Vgl. in diesem Band S. 115.)

Man kann dem hier veröffentlichten Schluß auch *Das ewig Weibliche* zuordnen.

(** In «Frühe Schriften» Alber Verlag, Freiburg/München 1968, S. 235–248; dasselbe in «Das Teilhard de Chardin Lesebuch», ausgewählt von Günther Schiwy, Walter-Verlag 1987; vgl. auch «Hymne an das Ewig Weibliche». Mit einem Kommentar von Henri de Lubac. Übertragen von Hans Urs von Balthasar. Johannes Verlag, Einsiedeln 1968.)

Pater Teilhard hat uns am Ende seines Lebens eine unaufhebbare Treue zum feierlichen Gelübde der Keuschheit bestätigt, das er anläßlich seiner Ordensprofeß 1918 abgelegt hat. «Diese Treue», fügte er hinzu, «hat, soweit ich mich erinnere, keine Kämpfe verlangt. Ich kann nur Christus lieben.» Es handelt sich deshalb auf diesen Seiten wirklich und ausschließlich um die «geistige Potenz» des Weiblichen.

(** Vgl. auch den wichtigen Essay von Teilhard: «Die Evolution der Keuschheit», bisher nur französisch in Band XI der Werkausgabe:

«Les Directions de L'Avenir», Éditions du Seuil, Paris 1973, S. 65–92. Vgl. zu dem ganzen Komplex auch: Pierre Teilhard de Chardin, «Briefe an Frauen», Herder Verlag, Freiburg/Basel/Wien, 1988).

25** Sie tragen den Haupttitel «Christus in der Materie». In dieser Ausgabe folgt der vollständige Text, während Teilhard nur die Einleitung, den Abschnitt «Das Bild» und den Schluß ab «Ich hatte immer eine natürliche ‹pantheistische› Seele» (S. 104) als Anhang vorgesehen hatte.

26** Es handelt sich um «Die geistige Potenz der Materie» (S. 107–119).

27* Pater Teilhard schreibt bald «Geschichten», bald «Erzählungen» nach Benson. – R. H. Benson, ein englischer Schriftsteller, hatte eine mystische Erzählung verfaßt, von der Pater Teilhard gepackt war. Siehe *Das göttliche Milieu*, Walter-Verlag, 1962, S. 160 f.

28* In diesen Geschichten, die zu intim sind, als daß der Verfasser nicht das Bedürfnis verspürt hätte, sich zu verhüllen, ist der «Freund» offensichtlich er selbst. ** Die erzählende Person könnte in der Vorstellung Teilhards seine Cousine Marguerite sein, mit der er freundschaftlich verbunden war. Vgl. dazu Günther Schiwy, Der kosmische Christus, Kösel, München 1990, S. 33–41.

29** Bis hier zitiert Teilhard in seinem Anhang zu «Das Herz der Materie» den Text.

30 Ein sehr wirklicher «Pantheismus» (im etymologischen Sinne des Wortes: En pâsi pánta Theós, das heißt nach den Worten des heiligen Paulus: Gott alles in allem), aber auch ein absolut legitimer Pantheismus: denn wenn letzten Endes die Christen tatsächlich nur mehr «eins mit Gott» sind, wird dieser Zustand nicht durch Identifikation (Gott wird alles), sondern durch differenzierendes und kommunizierendes Wirken der Liebe (Gott alles in allem) erreicht – und das ist wesensmäßig orthodox. (Spätere Anmerkung des Autors.)

31* Thiaumont, ein Bauernhof in der Nachbarschaft von Douaumont.

32* Die Seele des «Pleroma». Cf. «Die Zukunft des Menschen», Walter-Verlag, Olten 1963, Seite 403.

33* In einer Schöpfung evolutiver Form war die Materie notwendig, damit auf der Erde der Geist auftreten konnte – «Materie, Gebärmutter des Geistes», erläuterte Pater Teilhard de Chardin später – Gebärmutter, also Grundlage und nicht Prinzip.

Anm. von Jeanne Mortier: Als Pater Teilhard in meiner Gegenwart diesen Hymnus wieder las, sagte er mir – nachdem er nachgedacht hatte –, *Quelle* sei *Summe* vorzuziehen.

34* Man täusche sich hier nicht! Jener, der nicht außerhalb, sondern in Erfüllung der traditionellen Mystik ohne Unvorsichtigkeit diesen gefährlichen Kampf wider die Materie aufnehmen konnte, hat sich darauf durch die strengste Askese vorbereitet: Askese einer unfehlbar dem christlichen Ideal treuen Kindheit und Jugend; und später die Askese einer aufmerksamen und beständigen Antwort auf die Forderungen einer Berufung, die ihn rastlos auf die aufsteigenden Straßen der Vollkommenheit führen sollte, bis zu dieser Einsamkeit, von der er schrieb: «...er würde von nun an ein Fremdling sein... er würde unbezwinglich von nun an eine unbegreifliche Sprache sprechen, er, dem der Herr bestimmt hatte, die Straße des Feuers zu nehmen...» – «An den Beginn dieses Eindringens und dieses Vordringens», schreibt der Pater, «glaube ich die rasch wachsende Bedeutung stellen zu können, die in meinem geistlichen Leben der Sinn für den ‹Willen Gottes› einnahm.»

Es bedurfte dieses langen und heroischen Ganges durch die mystische Nacht, der mit einer ungewöhnlichen Entwicklung der wirklichen Tugenden des Glaubens, der Hoffnung und der Liebe einherging, damit die Materie für den Blick Pater Teilhards de Chardin «diaphan» [durchscheinend] wurde und ihm in sich, mit der letzten sich aus der Inkarnation und Eucharistie ergebenden Heilung, die strahlende Gegenwart Christi offenbarte.

Um die *Hymne an die Materie* richtig zu begreifen, muß man sie also an den Endpunkt der Wege der Reinigung stellen, angesichts des Gipfels, auf dem das himmlische Jerusalem erstrahlt.

Es folgt daraus, daß der noch unerfahrene Christ einen gefährlichen Irrtum beginge, wenn er glaubte, dem Pater folgen zu können, ohne zuvor, wie er, die Wege der traditionellen Askese zu beschreiten.

35** Dieser Text ist nicht in «Das Herz der Materie» enthalten, gehört aber sachlich dazu. Entnommen ist er dem Band «Lobgesang des Alls», Walter-Verlag 1964, Editions du Seuil 1961.

36* Pater Teilhard konnte die *Messe über die Welt* nicht an Ostern 1923 geschrieben haben, wie Freunde in Peking berichteten, da er erst im August desselben Jahres in der Ordos-Wüste anlangte. Es muß eine

Verwechslung mit einem anderen Fest zur Ehre Christi stattgefunden haben. Zu verschiedenen Malen hat der Pater sein geistliches Hingezogensein zum Fest der Verklärung zum Ausdruck gebracht.

37* Wie die *Einführung* schon aufzeigt, verwechselt der Autor nicht die Transsubstantiation im eigentlichen Sinne des Wortes mit der universellen Gegenwart des Wortes. Wie er es in *Der Priester* ausdrücklich sagt: «Die Transsubstantiation umgibt sich mit dem Strahlenglanz einer wirklichen, wenn auch abgeschwächten Vergöttlichung des ganzen Universums.» – Von dem kosmischen Element aus, in das es sich durch die Inkarnation eingefügt hat oder in dem es eucharistisch wohnt, «wirkt das Wort, um sich alles andere zu unterwerfen und zu assimilieren».

38* ...«Durch die physische und beherrschende Berührung Dessen, Dem gegeben ist, ‹omnia sibi subjicere› [sich alles unterwerfen] zu können.» *«Das göttliche Milieu»,* Walter-Verlag 1962, 9. Aufl. 1982, Seite 147.

George Pennington

Die Tafeln von Chartres

Die gnostische Schau des Westens

Die großen Kathedralen sind Zeichen spiritueller Sehnsucht und Zuversicht. Die Tafeln von Chartres sind das Werkzeug geistiger Übung, das Menschen zu so großartigen Werken inspirieren kann: von innen her als Frucht eigener meditativer Bemühung um Einsicht in die Wunder des Lebens.

Rudolf Bultmann

Das Urchristentum

Der große Theologe des 20. Jahrhunderts, Rudolf Bultmann, zeichnet in diesem Klassiker, wie das Urchristentum aus eigener Kraft emporgewachsen ist und sich das Erbe der antiken Welt angeeignet und verwandelt hat, um auf die Fragen der Menschheit neue, tragfähige Antworten geben zu können.

Der Heilige Baum

Ein indianisches Weisheitsbuch

Die Früchte des Heiligen Baumes sind die guten Dinge, die der Schöpfer den Menschen gegeben hat, Lehren, die den Weg zu Liebe und Mitgefühl, zu Großherzigkeit, Geduld, Weisheit, Gerechtigkeit, Mut, Respekt, Demut und Bescheidenheit zeigen, und viele andere wertvolle Geschenke dazu.

Verena Kast

Märchen als Therapie

Märchen sind – und darin ähneln sie den Träumen – Botschaften menschlicher Verstrickungen und ihrer Lösungen. Sie haben heilende Wirkung und mögen schicksalswendende Kräfte mobilisieren. Verena Kast, die bekannteste Vertreterin jungscher Psychologie deutet unseren Märchenfundus eindrucksvoll.